纺织服装高等教育“十二五”部委级规划教材
高职高专服装专业系列教材

童装设计与结构制图

叶清珠　编著

東華大學出版社
·上海·

内 容 简 介

本教材详尽系统地介绍了0～16岁儿童的生理、心理、体型特征以及市场消费需求情况，引入最新的儿童号型标准应用，并将儿童划分为婴儿、幼儿、学童、少年四个阶段，分别对这四个阶段的儿童服装设计要素及结构制图做详尽系统的讲解。设计要素中包含款式、色彩图案、面辅料应用等。结构制图中包含款式图、结构尺寸及完整清晰的服装结构图，涉及制图实例囊括了上装、裙装、裤装、连身装、新颖实用的婴儿和上衣、衬衣、马甲、T恤、夹克衫、棉服、大衣、睡袋、吊带裙、半身裙、长袖连衣裙、开裆裤、连袜裤、针织裤、运动裤、休闲裤、背带裤等适合各季节穿着的服装制图实例在本教材中都有详尽直观的介绍。本教材所采用的制图方式既有比例法，又有原型法的原型版讲解和实例应用，尽可能地满足广大读者的专业学习和参考需求。

本教材对童装的设计与结构制图介绍的详尽、完整，且结构图清晰、标注规范，易于阅读掌握，适合服装院校作为教材使用，亦适合企业技术人员及服装爱好者参考。

图书在版编目(CIP)数据

童装设计与结构制图/叶清珠编著. —上海：东华大学出版社，2015.1

ISBN 978-7-5669-0670-0

Ⅰ.①童… Ⅱ.①叶… Ⅲ.①童服-服装设计 ②童服-服装结构-制图 Ⅳ.①TS941.716.1

中国版本图书馆CIP数据核字(2014)第276938号

童装设计与结构制图

Tongzhuang Sheji Yu Jiegou Zhitu

编著/叶清珠

责任编辑/杜亚玲

封面设计/新 树

出版发行/東華大學出版社

上海市延安西路1882号

邮政编码：200051

出版社网址/http://www.dhupress.net

天猫旗舰店/http://dhdx.tmall.com

经销/全国新华书店

印刷/句容市排印厂

开本/787mm×1092mm 1/16

印张/10.5 字数/260千字

版次/2015年1月第1版

印次/2015年1月第1次印刷

书号/ISBN 978-7-5669-0670-0/TS·562

定价/28.00元

前　言

随着时代的发展，人们在生活方式、价值理念上也提出了更高、更人性化的要求。过去被人们不太重视的童装，现在逐步受到人们的重视，家长们对童装的合体性、舒适性、安全性等各方面都有具体而明确的要求。国家为了规范童装市场，提高产品质量，各种相关政策、规范性文件相继出台。

2004年，由我国科技部立项，中国标准化研究院负责，正式开展了第二次全国人体尺寸测量调查，该项目名称为“人类工效学国家基础数据及服装号型标准研究”。考虑到我国长期以来一直缺乏全国性的未成年人人体尺寸数据。本次全国性测量调查将首先针对未成年人，以填补我国在未成年人人体尺寸国家标准领域内的空白。此次调查是我国建国以来年龄跨度最大（4～17岁）、抽样人数最多、地域跨度最大、测量项目最全面的一次未成年人人体尺寸测量。全国抽样测量总量达2万余人，抽样地区遍及10多个省市，测量的人体尺寸数据项目多达170余项，可基本满足服装行业的数据使用需求。测量采用了国际上先进的非接触式人体测量技术，所用的Vitus Smart三维人体扫描仪，可在不到10s的时间内获得完整的1∶1的人体三维模型，测量精度高达2 mm。通过这次未成年人人体数据采集，制定了GB/T 1335.3—2009《服装号型 儿童》标准。同时，国家还相继制定和出版了SN/T 1522—2005《儿童服装安全技术规范》、GB/T 22704—2008《提高机械安全性的儿童服装设计和生产实施规范》、GB/T 22702—2008《儿童上衣拉带安全规格》、GB/T 23155—2008《进出口儿童服装绳带安全要求及测试方法》等各项标准，为童装产业的发展提供生产规范和技术支持。

第三届全国服装标准化技术委员会换届大会暨2011年年会在河南荥阳隆重举行，会上表明，我国服装行业已有国家标准38个、行业标准27个，包括基础标准、方法标准和产品标准。同时，会议透露，儿童服装的整体标准体系建设还有待完善，未来几年，就社会最关注的儿童服装安全标准体系将加强建设，我国将出台关于儿童服装安全性要求的国家强制性标准，对童装面料的pH值、色牢度，服装的安全环保性等方面进行规范，以提高我国儿童服装的安全性能。

编者

教学内容及课时安排

章/课时	课程性质/课时	任务	课程内容
第一章（18课时）	基础篇（18课时）		·第一章　基础知识
		一	童装消费需求
		二	儿童生理、心理及运动特征
		三	儿童体型测量及体型特征数据
		四	儿童服装号型标准及制图尺寸设定
		五	儿童装原型制图法
第二章（22课时）	实践篇（88课时）		·第二章　婴儿装设计与结构制图
		一	婴儿装设计要素
		二	婴儿上装设计与结构制图
		三	婴儿裤装设计与结构制图
		四	婴儿连体装设计与结构制图
		五	其他婴儿装款式设计与结构制图
第三章（18课时）			·第三章　幼儿装设计与结构制图
		一	幼儿装设计要素
		二	幼儿上装设计与结构制图
		三	幼儿裙装设计与结构制图
		四	幼儿裤装设计与结构制图
第四章（24课时）			·第四章　学童装设计与结构制图
		一	学童装设计要素
		二	学童上装设计与结构制图
		三	学童裙装设计与结构制图
		四	学童裤装设计与结构制图
第五章（24课时）			·第五章　少年装设计与结构制图
		一	少年装设计要素
		二	少年上装设计与结构制图
		三	少年裙装设计与结构制图
		四	少年裤装设计与结构制图

注：各院校可根据自身的教学特点和教学计划对课程时数进行调整。

目　录

第一章 基础知识

知识点

- ◆ 童装消费需求
- ◆ 儿童生理、心理及运动特征
- ◆ 儿童体型测量及体型特征数据
- ◆ 儿童号型标准及制图尺寸设定
- ◆ 儿童装原型制图法

◎ 教学目标：

1. 了解童装消费调研的方式、内容及结果分析方法，掌握童装的设计要素；
2. 了解儿童的生理、心理特征；掌握儿童的体型特征数据；
3. 熟悉我国的儿童服装号型标准，掌握常见童装款式的结构制图尺寸；
4. 掌握童装原型的制图。

◎ 教学重点：

1. 童装设计要素；
2. 儿童体型特征数据；
3. 童装原型制图。

◎ 教学方法：

1. 引入法：如引入知名童装品牌实例来讲述童装的设计要素；引入儿童的日常生活习性；
2. 讲授法：如讲授儿童号型标准的内容；
3. 演示法：如演示童装原型的制图；
4. 实践法：如学生自己做制图练习。

第一节 童装消费需求

一、童装的市场消费现状及存在的问题

儿童是备受人们关注的对象，是祖国未来的希望，受到全社会的呵护和关爱。儿童正处在快速成长发育阶段，生命力强盛，但身体机能对各种不良因素的抵抗力又比较弱，是非常受重视和保护的群体。给儿童提供一个安全愉悦的生活环境，让他们能舒适健康地成长，是全社会和无数家庭的心愿。因此，我们在设计生产童装时应从关爱孩子、关爱健康出发，认真做好童装生产的每一环节，为儿童提供一个舒适、健康的穿着条件。

根据有关人口统计年鉴，2008 年，我国正进入第三次生育高峰期（第一次在 20 世纪 50 年代，第二次在 20 世纪 80 年代初）。现在，庞大的儿童群体正推动了童装市场的发展和繁荣。随着经济全球化的进一步发展，随着人们生活水平的提高和生活质量的改善，消费者对童装的需求，也由 20 世纪 80 年代满足基本生活的数量需求，发展到现在开始注重生活品位、穿着舒适和时尚化、个性化、品牌化的需求。

为了充分了解童装的市场消费情况及消费需求，本书编写人员通过下列四种途径进行了信息资料的收集：①走访了嗒嘀嗒、小猪斑纳、艾艾屋、巴布豆、哇哈哈等多家童装知名品牌，向销售人员了解儿童服装的消费情况；②向相关童装设计师咨询童装设计的理念、技术问题；③在幼儿园里开展问卷调查，了解家长及小朋友对童装的消费需求；④从网络、文献资料上查询相关的童装消费信息。

通过上述几种途径的调查分析，得出现在市场上的童装消费情况大致可以归纳成以下几点：①市场上的童装牌子杂乱繁多，价位两极分化严重，款式新颖、性价比高的童装却很难买到；②受家长消费倾向的影响，童装消费需求趋向时尚化、品牌化；③消费者在童装款式上喜欢简洁朴素、时尚大方或能够体现儿童的趣味特征的造型，面、辅料上越来越追求天然环保、健康舒适，色彩上，喜欢活泼鲜亮的；④对童装的穿着舒适性、穿脱方便性越来越重视。

随着童装市场的不断壮大，国家对童装的质量管理已经逐步重视，童装市场得到进一步的规范，但目前仍然存在一些急需解决的问题。如：童装号型把握不准确，划分过大，适应性差；款式成人化，设计力量相对薄弱，缺乏文化内涵；裁剪不合儿童的体型生理特征，裤裆太浅等；缝制质量过于粗糙，易扯裂；服装实际纤维含量与标注含量不符；水洗尺寸变化率不合格以及面料中的 pH 值、色牢度、甲醛含量不合格等。

2012 年 5 月，央视《每周质量报告》报道，北京市消费者协会对市面上销售的 7 省市 47 家

企业生产或经销的63种儿童、婴幼儿服装进行检测发现，有超过3成样品存在问题。主要问题有：①不标明厂家，接近“三无”，产品信息缺失、洗涤图示不规范、内外标签内容相悖等；②15.9%纤维量“表里不一”；③色牢度达不到国家标准要求，危害健康；④甲醛含量、pH值超标。

基于以上问题，童装质量确实有待提高与规范，这也对服装从业人员提出了更高的要求与使命。

二、童装生产应用情况

1. 面辅料

正如上述内容所提及的，童装面料在功能性设计方面缺乏针对童装需求的研究和开发，环保性差、色牢度差、色差严重、缩水率高、手感和透气性都不能满足较高档次童装生产的要求。面料设计方面对流行趋势把握也不够准确，图案单一陈旧、色彩暗淡、花色成人化严重。目前我国常用的面料品种有全棉布、精梳T/C布、牛仔布、水洗布、灯芯绒、锦纶塔丝绒、植绒尼丝纺面料以及印花绒面料等，更注重绿色环保的面料有PTT纤维交织休闲面料、斜纹“富贵绒”面料、横条提花布等。在美国，棉和聚酯混纺布料是童装或青少年服装的首选，牛津布和一种新开发的合成布料COATED TASLAN也是青少年运动服装上的主要用布。一些质地较韧、耐磨洗、又具有适宜儿童嬉闹本色的服装也颇受美国青少年的喜爱。

2. 款式结构

我国童装生产在结构上，常常忽略童装结构的细部特征，童装款式成人化现象严重，在结构上甚至只是成年装的缩版，缺乏对儿童体型特征数据的研究。因此加强对儿童体型特征数据的研究、童装款式结构的研究已刻不容缓。国外的研究发展情况中，19世纪20年代首先在法国出现了适合儿童需求、较宽松的H型童装，确立了童装发展的起点。现在在美国，休闲童装(Play Wear)已经成为一种独立的成衣组合类别，其中尤以T恤衫、运动上衣、半开襟衬衫、套头衫和牛仔裤等类服装在市场上最走俏；细节设计上，以连颈帽与大口袋设计为重点；装饰上，3～8岁的儿童大都偏爱简单易懂的图案或符号，如花朵、星星、心形、船形等。

3. 色彩

2007年3月17日，中国童装色彩研发基地在北京成立，从而弥补了童装色彩研究领域的空白。儿童专家研究表明：0～2岁前的婴幼儿的视觉神经尚未发育完全，色彩心理不健康，在此阶段不可用大红大绿等刺激性强的色彩去伤害视觉神经；儿童在2～3岁时视觉神经发育到可认识颜色，善于捕捉和凝视鲜亮的色彩，发育至4～6岁，儿童智力增长较快，也可以认识四种以上的颜色，能从浑浊暗色中判别明度较大的色彩；6～12岁是培养儿童德、智、体全面发展的关键时期，童装色彩的应用会直接影响到儿童的心理素质。专家通过观察试验发现，从小穿灰暗色调的小女孩，易产生懦弱、羞怯、不合群的心态，若换上桔黄和桃红的鲜亮服装后会改善孤僻、无靠的心理状态。经常给小男孩穿紧身的深暗色服装，致使男童易骚动、并可能伴有"破坏癖"，若换穿黄色与绿色系列的温和色调的宽松服装，小男童的心态可转变，趋向乖顺和听话。在日本，尤其是低年级的校服，普遍使用明艳的、纯度很高的色彩，包括帽子。在美国，橘红色、紫色、金色、黑色及栗色颇受青少年的喜爱，在色泽上注重亮丽，其中红色、鲜蓝或深海蓝色仍然是儿童最受欢迎和最普遍采用的。

4. 号型规格

我国使用的GB/T 1335.3—2009中，儿童服装号型规格是按身高来划分。52～80 cm的儿童不分男女，身高每7 cm划分一个档次；胸围以4 cm分档，腰围以3 cm分档，上装形成7·4系列，下装形成7·3系列。80～130 cm的儿童也不分男女，身高每10 cm划分一个档次，胸围以4 cm分档，腰围以3 cm分档，这样上装形成10·4系列，下装形成10·3系列；身高135～160 cm的男童和身高135～155 cm的女童，身高每5 cm划分一个档次。胸围以4 cm分档，腰围以3 cm分档，上装形成5·4系列，下装形成5·3系列。日本则是按年龄来划分，7岁以前不分男女，身高、胸围、腰围数值不是以一个固定数来进行递增或递减，如1岁身高为80 cm，2岁身高90 cm，3岁95 cm，4岁102 cm，5岁108 cm，6岁114 cm。英国的儿童体型是经过大量的测量后计算出来的，体型数据也可用于童装制作，适于大约75%的身高92～122 cm的儿童。美国童装针对不同年龄及服装的不同功用，划分得更为细致，按年龄段划分可分为：婴/幼儿服（0～2岁），学龄前儿童服（3～4岁），中童装（5～8岁），大童装（9～12岁）。随着童装朝时尚化、个性化方向的发展，我国童装的号型也走细化之路，更合体、更个性化、时尚化、款式多样的童装已越来越受到大人、小孩的青睐。

三、童装市场消费问卷调查及分析

为了详细了解家长、孩子对童装的实际需求，同时也给学校教学、企业产品开发提供一定的信息资源，本书对4～6岁的儿童服装消费进行了问卷调查与分析，为童装市场在供给与需求的平衡关系上提供数据依据，同时对童装设计因素进行分析，给出建议。

4～6岁儿童是幼儿期向学龄期过渡的阶段，就读于幼儿园，生活、学习处于半自理状态，在各个方面都具有儿童的普遍特征，在整个儿童阶段里具有一定的代表性，因此，本书问卷调查的儿童选择此年龄阶段。

1. 问卷设计

问卷采取封闭式和开放式相结合的方式设计，主要体现以下七个方面内容：①个人基本情况；②童装的消费水平；③在款式、色彩、面料上的选择；④影响童装选择的因素；⑤童裤的使用情况；⑥对流行的追随程度；⑦是否希望在幼儿园里统一着装。围绕这七个问题，除了填写

个人信息中的性别、出生年月、身高等，共设置了13道单、多选题以及2道开放式问答题。同时，由于在日常穿着中，裤子在外观、质量、穿着状态等各方面体现出的问题较多，因此在其中的几道题中强调裤子的相关消费情况。问卷表见附录一。

2. 问卷调查

(1) 调查对象

调查对象为4～6岁儿童的家长。这阶段儿童的年龄划分如表1-1所示。

表1-1 儿童年龄划分

4岁	5岁	6岁
3.5周岁～4.4周岁	4.5周岁～5.4周岁	5.5周岁～6.4周岁

(2) 调查表发放回收方式

班主任把问卷发放给小朋友们，由小朋友带回家，家长填写后带回幼儿园，班主任再回收。

(3) 预调查

为了保证问卷设计的合理性与有效性，本调查先在三明市实验幼儿园随机抽取一个班级进行了预调查，根据反馈情况在专业用词、语言表达、题目顺序、便于回收后的统计等问题上进行了适当修整。

(4) 调查工作量

问卷定稿后，为了体现一定的调查覆盖面，选取了三明市实验幼儿园、城关实验幼儿园、沙县第一幼儿园、三明福维纺织厂幼儿园这四家不同片区的单位为调查对象，每家单位都分别在大、中、小班三个年龄阶段随机抽样调查。共发放问卷300份，回收有效问卷254份，回收率为84.7%。

3. 问卷分析

把回收的254份有效问卷的填写信息统计分析结果如下。

(1) 个人基本情况

本次调查抽取的儿童性别、年龄分布如表1-2所示。

表1-2 儿童性别、年龄分布 (单位：人)

人数 年龄 性别	4岁	5岁	6岁	合计
男性	45	38	43	126
女性	34	40	54	128
合计	79	78	97	254

儿童各年龄段平均身高见图1-1。从图中可以看出4岁儿童的平均身高为101.58 cm，5岁儿童的平均身高为109.72 cm，6岁儿童的平均身高为115.09 cm。5岁儿童相对于4岁儿童，身高增长了8.14 cm。6岁儿童相对于5岁儿童，身高增长了5.37 cm。身高增长虽然快

速，但随着年龄的增大，增长速度逐渐缓慢。

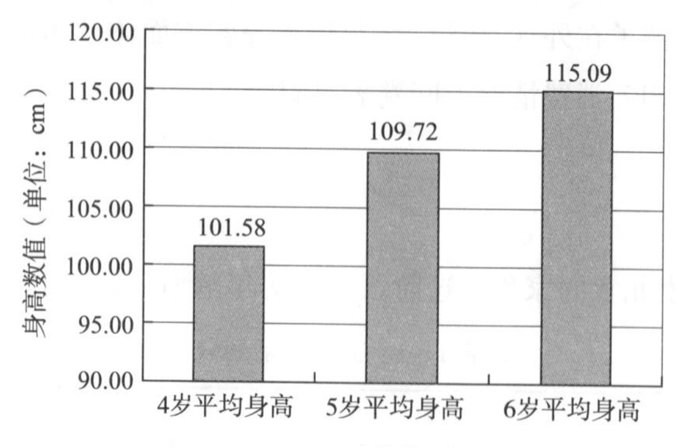

图 1-1　各年龄段平均身高

（2）童装的消费水平

在消费水平上，主要从消费的数量和价格两方面来体现。图 1-2 为儿童平时换穿的裤子数量。从图中可以看出，一般每位小朋友同时有 3～10 条裤子换穿，10 条以上的较少。由图 1-3 又可以看出有 50％的人购买的单件服装价格在 40～60 元之间。从这两个图可以看出童装的消费比较理性。学龄前儿童处于成长比较快速的时期，今年穿着合身的衣服，明年可能就显短了。受儿童快速成长的影响，同时，儿童生性好动，服装也容易发生磨损、撕裂等现象，因此，童装的使用年限相对较短，淘汰速度较快。由此决定着童装的消费情况是：在数量上以够用、方便换洗为宜，在价位上选择中等价位居多。

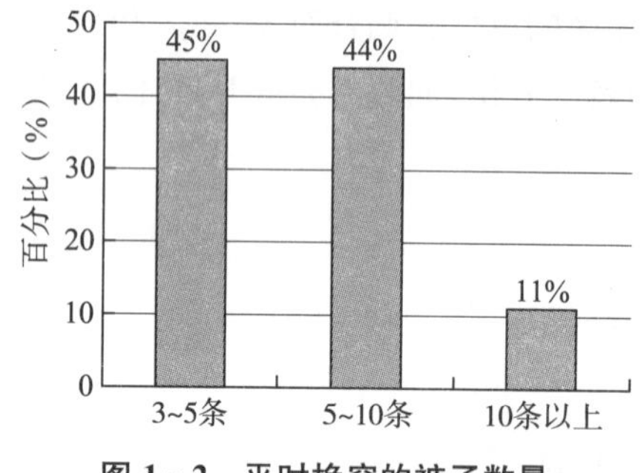

图 1-2　平时换穿的裤子数量

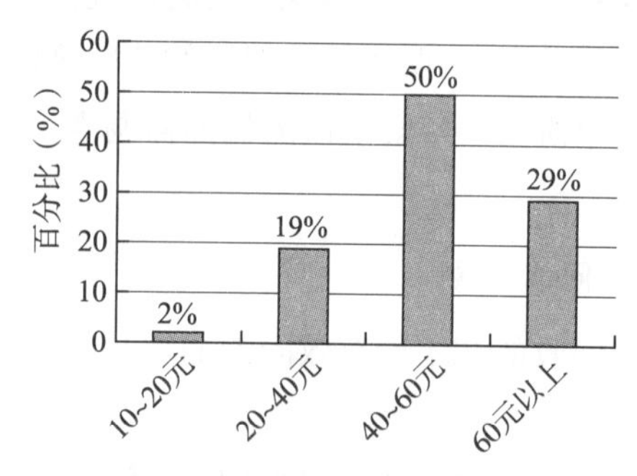

图 1-3　购买的单件服装价格

（3）童装的款式风格、色彩、面料选择

在款式风格、色彩、面料等因素上，受客观、主观因素的影响，一般消费都不会是单一的，因此，在选项上采用可多选的方式。在图 3-4～图 3-7 中，对各选项被选中的百分比进行了统计。

在款式风格中，选择最多的是饰有童趣型图案，其次是简洁朴素的、时尚风格的，成年化的款式消费者并不看好。选项情况反映了儿童天真活泼的性格特点以及符合儿童天性的喜好。虽然前几年童装在风格上有大力鼓吹成人化的倾向，但最终没真正流行起来，家长们还是不喜欢用成年人的东西强加到孩子身上，儿童就应该保留儿童原本的天性。在征询童装产品开发意见的开放式问项中，很多家长也提到款式要新颖、多样，设计要富有童趣。

在色彩上，选择鲜艳色彩的居多。儿童天性好动，好奇心强，不断地认识和接受外界的新鲜事物，同时观察事物多以感性为主，而鲜艳的色彩最能刺激人的感官。因此，儿童一般都会喜欢色彩鲜艳的色彩。另外，家长都喜欢孩子整洁干净，讲卫生，儿童也喜欢明亮轻快的色彩，因此，选择纯色、素色的也不少。

在面料成分中，不管是春夏装，还是秋冬装，棉的受欢迎率都非常高。儿童肌肤较细嫩、抵抗力较弱，而棉织物吸湿、透气、健康、舒适、环保的特性能较大程度地满足儿童的服用需求。在秋冬装中，由于涤棉面料相对纯棉来说更易洗涤，更快干，因此也很受家长们的欢迎；毛涤面料较保暖、挺括，因此也有一定的童装消费市场。很多家长针对面料也提出了甲醛含量不能超标、不能褪色等问题。

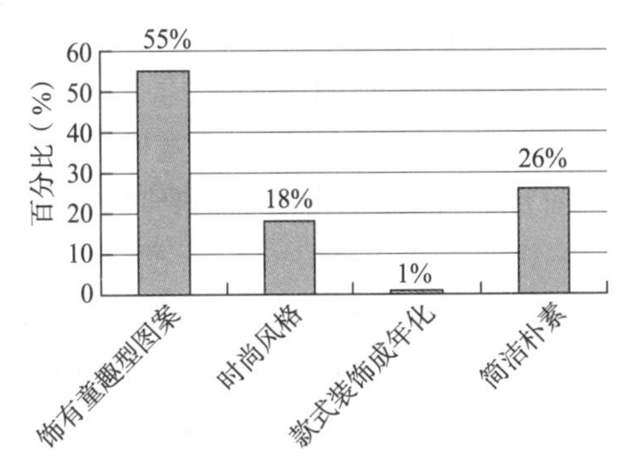

图 1-4　喜欢的款式风格

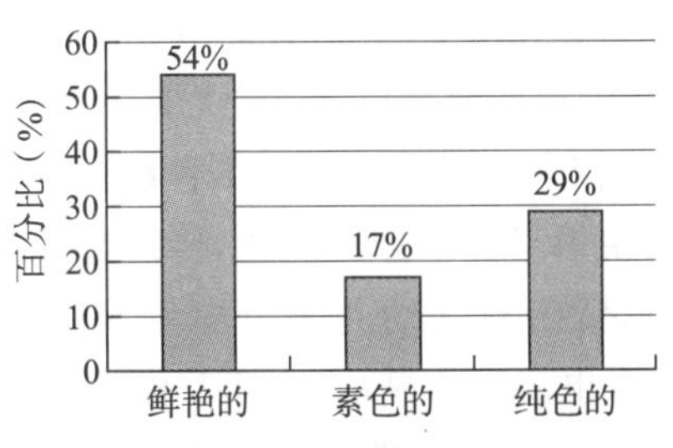

图 1-5　喜欢的色彩

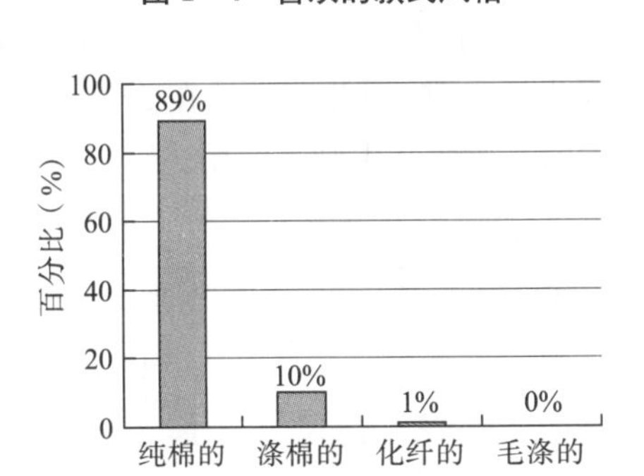

图 1-6　喜欢的春夏装面料成分

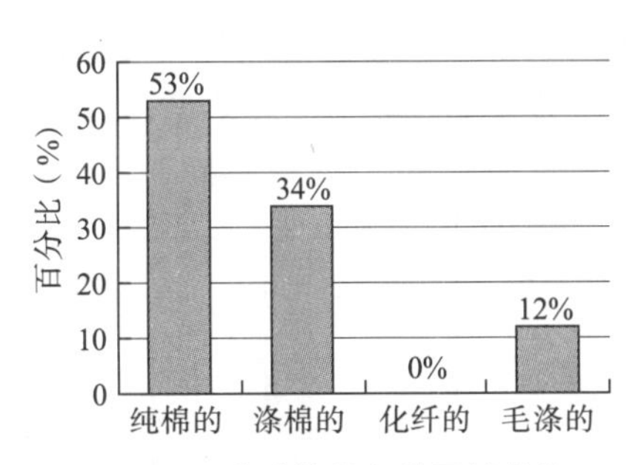

图 1-7　喜欢的秋冬装面料成分

（4）影响童装选择的因素（图 1-8）

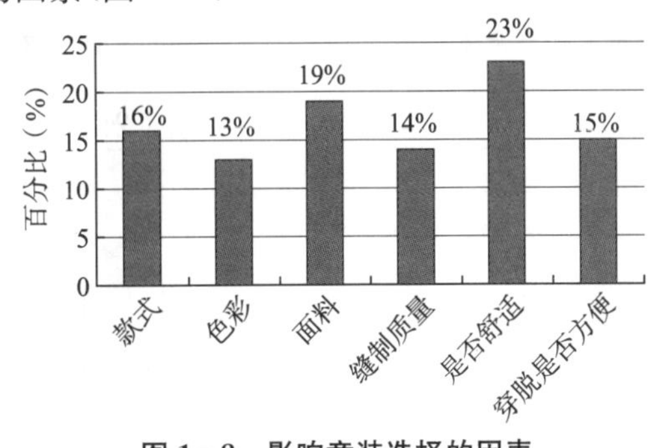

图 1-8　影响童装选择的因素

影响童装选择的因素见图 1－8。从图中可以清楚的呈现出在对童装各方面的注重程度上，依次为：穿着舒适性＞面料＞款式＞穿脱是否方便＞缝制质量＞色彩。在前些年，一般比较注重面料、缝制质量等，而从这次的调查中则可以看出：随着人们消费理念的不断更新，童装消费在各方面的注重程度上把穿着舒适性提高到了第一位。可见，人们对服装的态度由以前的实用耐穿转向了注重穿着的舒适感受。接着排在第二的是面料，一方面人们追求柔软舒适的天然纤维成分，另一方面对面料的环保性能、健康安全很重视，甲醛含量、pH 值等决不能超标，色牢度要控制在一定范围。接着是款式、穿脱方便性、缝制质量、色彩等依次排列，且选择百分率都相差不大。

（5）童裤的使用情况（图 1－9～图 1－12）

儿童正处于快速成长发育的阶段，为了不影响身体的正常发育，一般童裤都采用宽松型的。但从图 1－9 中可以看出，童装选择合体与宽松占的比例差不多。可见，随着社会文化的发展、随着生活理念的更新，人们越来越注重自我，注重个性，因此也比较喜欢合体的款式。宽松的款式虽然穿起来不会束缚孩子的运动，但观察活动中的小朋友，裤子太宽松容易往下掉（图 1－10），裤腰耷拉下来会影响美观，也容易受风着凉，有的甚至会出现玩耍时裤裆撕裂的现象，而较合体的裤子则更不容易往下掉。

解决裤子往下掉的问题，传统有效的方式是背带裤，而且背带裤穿起来也神气。但在市场上发现，背带裤在幼儿装及少年装中比较多见，而在 4～6 岁儿童的服装中几乎没有，从图 1－11 中也清晰的显示，小朋友极少穿背带裤。调查问卷在这个内容上同时设置了开放式问答题，询问穿（或不穿）背带裤的原因。收集的答案中频繁看到的字眼是“不方便”：穿脱不方便、上厕所不方便。学龄前儿童生活处于半自理状态，较复杂的动作完全靠自己很难完成。而幼儿的生活完全由大人料理，学龄儿童基本可以实现生活自理，因此背带裤在 2～3 岁幼儿装中和在 10 岁左右少年装中较多见，而在 4～6 岁学龄前儿童服装中则不实用。

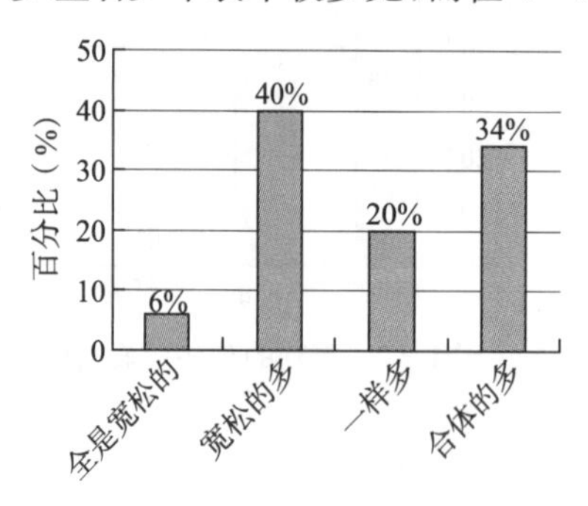

图 1－9　裤子宽松与合体

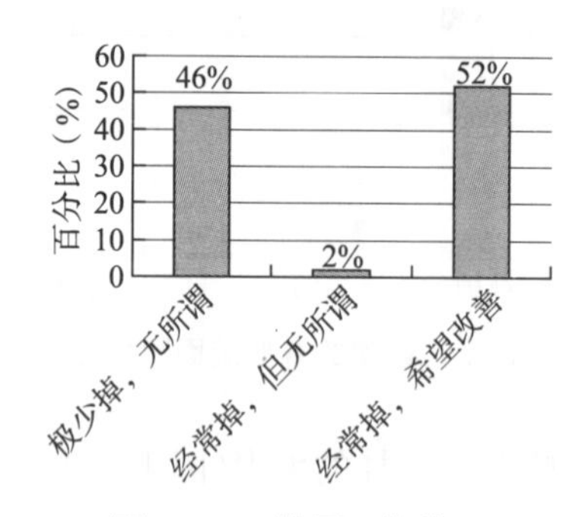

图 1－10　裤子下掉情况

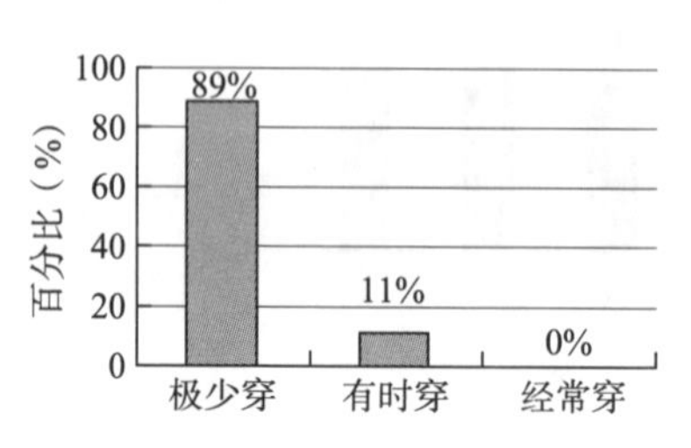

图 1－11　背带裤

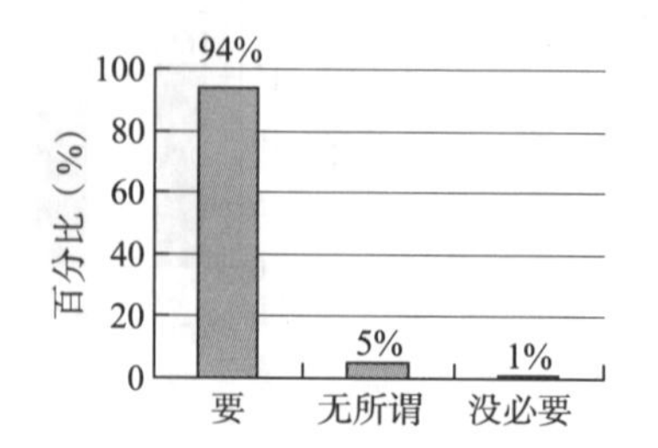

图 1－12　童装的运动功能性

(6) 对流行的追随(图 1－12、图 1－13)

图 1－12 中,涉及的是运动功能性的问题,有 94％的家长认为要注重童装的运动功能性。儿童好动,活动量大,而且经常奔跑,两腿迈开的角度也大。因此运动功能性对于童裤显得比较重要。

对于流行,如图 1－13 所示,有 77％的被调查者选择不追随,购买平时喜欢的风格,17％的被调查者看市场,只有 6％的被调查者追随流行。可见消费者具有较强的自主性,了解自己的消费需要,对童装具有较强的主观评价意识。这种状况也形成了童装市场的多元化,同时,也说明了成功的市场不是由设计师或权威机构引导的,而是由消费者引导的。

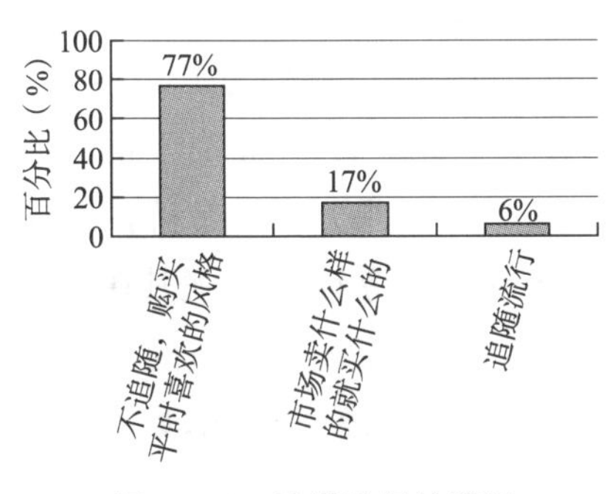

图 1－13　追随流行的情况

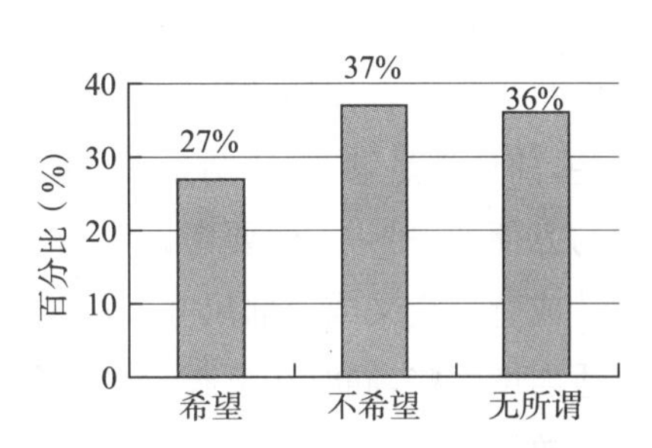

图 1－14　小朋友统一穿园服

(7) 是否希望在幼儿园里统一着装

校服最初是“舶来品”,我国自从新式学堂开办以来,统一的学生校服就代表着先进的教育理念。校服可以规范学校管理,强化学生的自律意识;可以消除学生的攀比心理,培养勤俭节约的美德;可以避免学生穿奇装异服。但校服发展到最近的 20 年,引发的问题越来越多,涉及款式、面料、缝制质量、价格等问题。虽然也经常呼吁、改革,但都没得到有效的解决。

基于校服的教育作用,同时目前一些教育较规范、管理较灵活的私立幼儿园也出现穿园服的现象。因此在这次童装调查中,设置了家长们是否希望小朋友在幼儿园里统一穿园服的意向题。图 1－14 中显示,选择不希望、无所谓的人数所占比例差不多,选择希望的人数稍少些。可见,校服在学生、家长中的负面评价还没消除。

由于学龄前儿童具有其特殊性:活泼好动、快速成长阶段、生活处于半自理状态等,因此要设计出满足这些需求的服装来还真不是一件简单的事,比中小学校服设计的难度还大,款式、面料、色彩、装饰、结构、工艺等每一因素都需仔细考虑。幼儿园里是否也推行像中、小学一样的统一着装?这个问题现在也逐渐引发人们的思考、尝试与关注。

4. 影响童装设计的因素分析

综合上述的分析,得出学龄前儿童服装的设计要体现美观、舒适、运动方便、便于穿脱、童趣、多样化等特点。

在面料上以纯棉面料为主,适当采用棉混纺织物,便于洗涤,同时注意甲醛含量不能超标,色牢度要控制在允许范围内。要注意卫生舒适性,注意面料的清洁、抗菌等特性,贴身内衣应该选用针织棉织物，有利于吸收皮肤的分泌物，透湿性、透气性也较佳，能够及时向外散热，调节身体温度。平时的单衣可采用细平布、色织条格布、劳动布以及毛织物或混纺交织物等，吸湿性和透气性差的合成纤维织物则不宜使用。

色彩上的因素来自两方面的影响，一方面体现儿童自身的生理特征，另一方面体现家长的喜好。儿童对色彩敏感，喜欢明度、纯度高的色彩，宜采用鲜艳、明快的黄色、粉红色、橙色、绿色、天蓝色等。而家长则喜欢素色或深色，显得朴素大方、耐看，也易于洗涤。

款式应简洁、美观、大方，以休闲装为主。幼儿园服的合体性要求比婴儿服、幼儿服有所提高。学龄前的儿童肩膀比较窄，而且肩斜度较大，躯干部成长迅速，挺腰，凸肚，因此服装造型多为较宽松的 A 型或 H 型，以吻合体型特征，活泼可爱而又宽松舒适。

在结构上要结合儿童的体型特征及运动规律性，以宽松舒适的结构为主，也可利用加入弹性纤维的面料设计出合体的结构。裤裆设计要加深，使裤子穿上后，裤腰高于正常腰线；后裆也要挖深些，前后裆足够宽，使两条裤管拉平后能成一直线。如果开发背带裤，一方面要充分考虑穿脱的方便性，另一方面要考虑穿着效果，背带很容易从肩膀上滑脱，尤其在下蹲时，因此背带要设计成背部交叉或肩部尺寸较宽的背心式款式。针对儿童成长迅速的特点，围度上的加放量要适当增大些，同时在裤脚、袖口等处可设置成向上翻折的款式结构，如果穿太短了，则可以把折边放下。

缝制工艺上，线迹、装饰物应牢固。缝份不要过小，多采用双线迹，在容易撕裂处可以采用来去缝的形式，

总之，目前人们对服装的消费自主性意识比较强，因此，要充分考虑小朋友以及家长的消费需求。

第二节　儿童生理、心理及运动特征

在今天，随着人们生活质量的提高，对于童装的穿着要求早已不满足于有衣可穿的量的需求，而是转向了质的提高。尤其在倡导绿色消费、亲近自然的生活理念下，人们越来越注重童装的合体性及穿着舒适性。因此，设计和生产童装比设计和生产成人时装的难度更高，要求更专业。设计和生产童装首先必须对儿童要有非常全面的了解，对他们在各个年龄阶段的成长状况，包括身体上、生理上及心理上的变化都需要有很透彻的认识，这样才能生产出适合儿童这个群体穿着需要的服装。

现在很多企业都将“以人为本”“人体工学设计”作为产品的特点来进行广告宣传。设计符合人生理特点的服装，使人们能够在舒适和便捷的条件下工作和生活，已经越来越受到人们的重视。对于快速成长阶段的儿童，生命力强盛，但身体机能对各种不良因素的承受力和抵抗力又比较弱，是倍受千万家庭和社会重视和保护的一个群体。童装设计应以儿童的体型特征为

依据，充分考虑儿童在身体上、生理上、心理上及日常活动中的成长发育状况，满足其特有行为的特殊需求。

一、儿童生理特征

1. 儿童阶段划分

在服装领域中，一般将出生至16岁这一年龄阶段统称为儿童时期。由于儿童成长快速，每一年龄对服装都有不同需求，因此根据年龄、体型特征以及心理、生理特征的变化，结合社会习惯和学校制度，本书将儿童时期划分为五个阶段：婴儿期、幼儿期、学龄前期、学龄期、中学生期。

婴儿期（自出生～1岁）头部大，颈部很短，肩部窄、浑圆，无明显肩宽，胸腹部突出，且腹部突出十分显著，臀部窄、外凸不明显，背部弯曲不明显，上身长，下肢较短，腿型多呈O型，整个躯干体型呈纺锤形。上身长度约为2～2.5个头身，下肢长度约为1～1.5个头身，全身长由出生时的4.14个头身增长至一岁时的4.3个头身。胸围约49 cm，腹围约47 cm，几乎没有胸腰围差。

幼儿期（1～4岁）体型不断改变，挺胸，凸肚，头大、成长迅速，颈部长度稍增加，肩宽增加，背部弯曲渐渐明显，下肢长度增加，O型腿逐渐消失，正面体型为H型。身高增长显著，每年增长约10 cm，全身长约为4.5个头身。胸围每年增长2 cm左右，腰围每年增长1 cm左右。

学龄前期（4～6岁）颈部长度增加，肩部增宽，但肩斜度较大，躯干部成长迅速，挺腰，凸肚，腰围大于胸围，背部脊柱弯曲大，后腰内吸，侧面观察躯干部呈明显的S型。身高每年增长约7 cm，为5个头身左右，下肢约为2.5个头身，两腿逐渐变直。

学龄期（6～12岁）身高增长迅速，身体各个部位的比例发生了明显的变化，头部比例减少，颈部细长，有明显的肩宽，胸腹部突起明显减少，腹部开始变细，背部弯曲减少，逐渐显现男、女体型差异。这一阶段身高增长显著，每年增长5 cm左右，到12岁时，男童的身高逐渐增加到6.6个头身左右，女童的身高达到6.9个头身，下肢长度约为3头身。胸围每年增长2 cm左右，腰围每年增长1 cm左右。

中学生期（12～16岁）体型及身体各个部位的比例与成年人类似，男、女体型差异加大，女孩胸部与臀部变丰，男孩肩部与胸部变阔。身高增长为7～8个头身，男童每年增长5 cm左右，女童每年增长由5 cm逐渐减为1 cm。胸围男、女童每年增长都为3 cm左右，腰围男童每年增长2 cm左右，女童仍为1 cm。这一阶段男、女童逐步进入青春发育期，第二性特征开始出现，男、女体型差异逐渐加大。

图1-15为男性儿童在各个年龄阶段的体型变化比例图，图1-16为女性儿童在各个年龄阶段的体型变化比例图，这两个图很清晰地描述了男、女体型在各个部位的确切比例，也体现了在成长过程中的体型变化。图1-17为儿童体型特征的侧视图（阴影部分为男童），该图也清晰地显示了儿童在各个年龄阶段的体型特征及其变化。

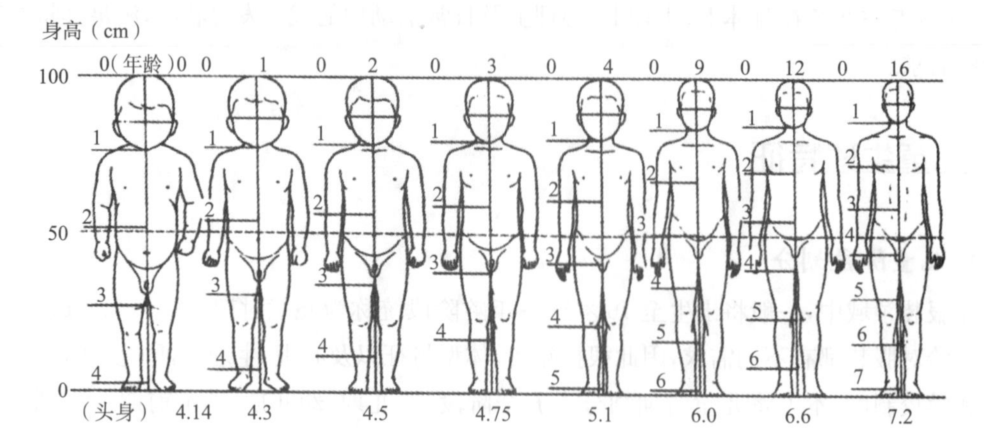

图 1－15 男童体型变化比例图

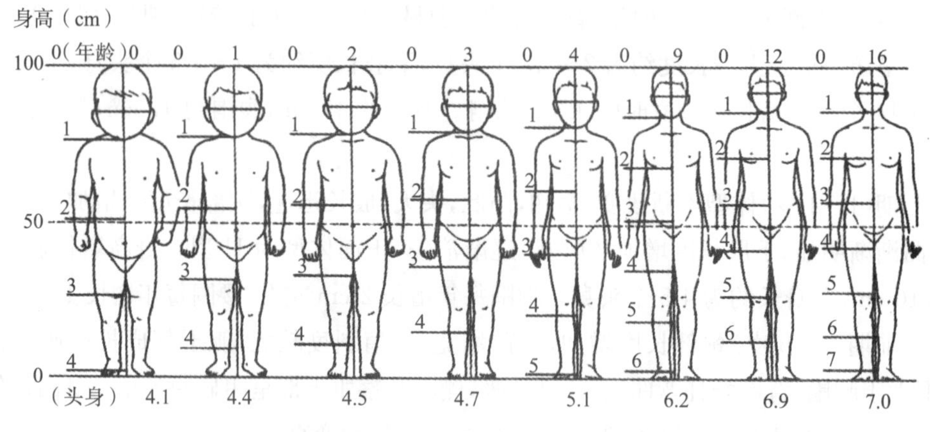

图 1－16 女童体型变化比例图

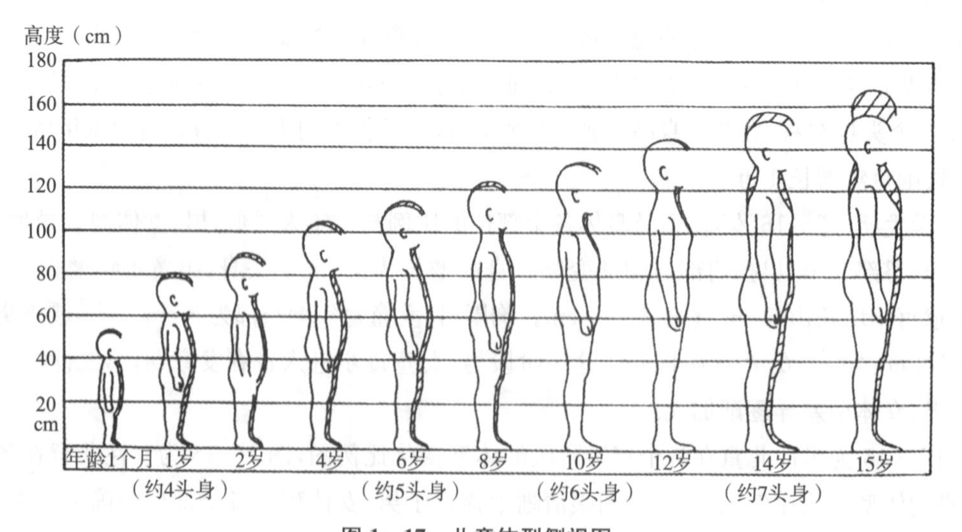

图 1－17 儿童体型侧视图

2. 儿童体型特征

由于儿童整体年龄跨度大，各阶段都有其独特特征。本书选用儿童成长的中间阶段（学龄前期，4～6 岁）作为重点研究对象，此研究的思路与方法同样适用于其他成长阶段的儿童。

① 根据人体测量数据分析（见附录二、附录三）显示，4～6 岁儿童身高每年以 7 cm 左右的速度在增长。如果把身高数值减去颈椎点高数值，再除以身高数值，从而求得头身比例，结果如下：4 岁儿童约为 4.9 个头身高，5 岁儿童约为 5.1 个头身高，6 岁儿童约为 5.3 个头身高。

② 躯干部成长迅速，腿部较细，挺腰，凸肚，体型具体体现在腰围大于胸围，背部脊柱弯曲大，后腰内吸，侧面观察躯干部呈明显的 S 型。如图 1－18 为西安工程大学服装工程中心利用法国力克三维人体扫描仪获取的这个年龄段的儿童三维数字化体型图，该图直观地反映了 4～6 岁儿童在背面、侧面、正面的体型特征。

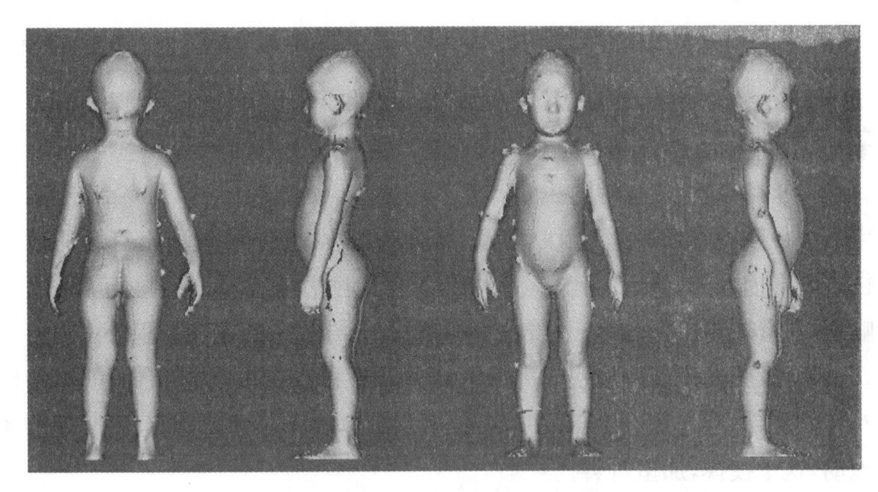

图 1－18　三维数字化体型图

③ 此年龄阶段的儿童肩膀比较窄，而且肩斜度较大。成年男子肩斜度平均值为 18°，成年女子肩斜度平均值为 20°，而根据我们的测试这一年龄段儿童肩斜度在 29°～34°之间。同时，从肩部及前胸、后背上看，肩宽、肩幅、前胸宽、后背宽都随着年龄的增长而变宽，而肩斜度值则随着年龄的增长而递减。

④ 臀腰部位是儿童躯干在运动中所涉及到的运动量显著的部位，直接涉及到儿童裤装的适体性和舒适性。从我们的人体测量中，得出图 1－19 中的结果：腰围和臀围每年都以一定的数值递增，同时臀围的增长速度大于腰围的增长速度。

如果以 5 岁儿童为例，臀腰部位的各围度尺寸从小到大依次排列为：腰围＜腹围＜上臀围＜臀围。提取臀腹厚（用 T 表示）、臀厚（t）、腹厚（f）、会阴至腰围距（H）、腰围至臀围距（W）这些数值（单位：cm），本书模拟分析出如图 1－20 中的臀腰侧面体型特征图。

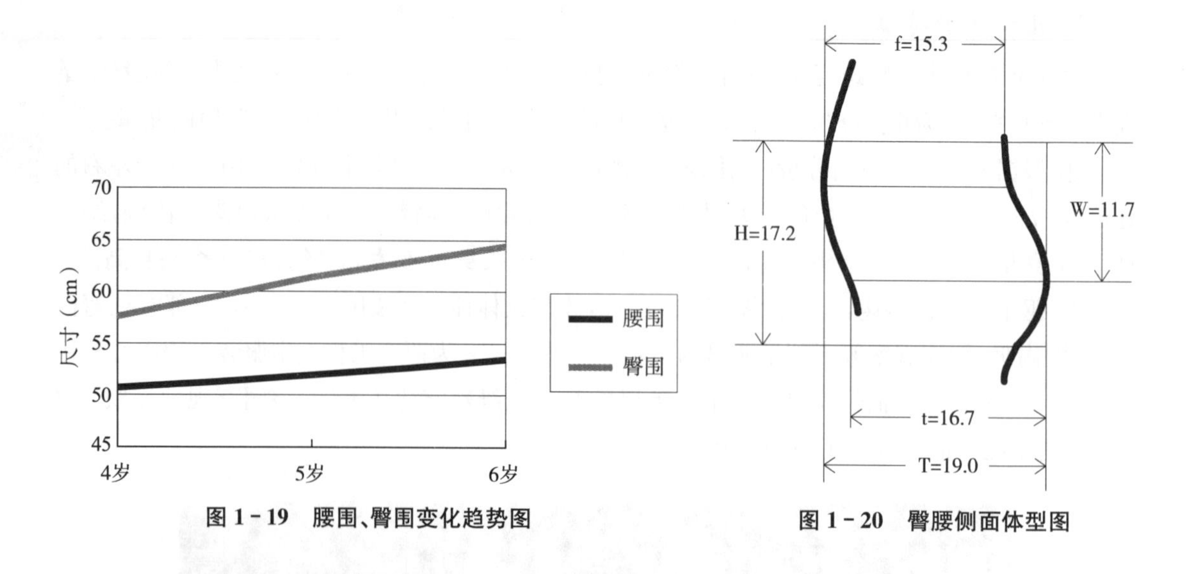

图 1－19 腰围、臀围变化趋势图

图 1－20 臀腰侧面体型图

二、儿童心理特征

日常生活中可以观察到：儿童活泼、好动，认知欲很强，总是喜欢新奇有趣的东西，对周围的事物往往表现出极大的好奇心，比如，看见路上车子走过，它总要眼睛尾随着一直看；听到外面有什么响声，总喜欢跑出去瞧瞧；看着地上的蚂蚁，会寻找它的家在哪里等。

还有，儿童有较强的表现欲以引起大人注意并希望得到认可，会在你面前不停地跑，做各种动作游戏。而且，好动也是这个年龄阶段普遍的特征，脚不停地跑，而且两腿迈的频率很大，手也不停地动，这里摸摸，那里舞舞。

形象思维在此阶段发展快速，较抽象思维发达。对色彩表现出极大的敏感，喜欢画画，譬如画一个红红的太阳，画一朵红红的花，画一棵绿绿的草，或者画一只黄茸茸的小鸭子。喜欢搭积木，开始掌握简单的几何造型。

求同性、趋近性心理也比较强烈，往往旁边小朋友玩什么玩具，自己也要一个。

儿童的生活自理能力也在这一时期开始培养，儿童自身也乐于动手学习。饮食方面，能使用勺子、筷子等餐具进餐；能参加淘米、摘菜、洗菜等家庭劳动。睡眠方面，能自己上床睡觉；会简单地整理被褥。穿衣方面，能根据天气变化加减衣服；会系带子，有的甚至会打活结等。个人卫生方面，也能逐步培养他们自己洗澡、洗头和梳头等。生活方面，能去近处小商店买冰棍、面包、酱油等简单用品等。安全方面，过马路知道走人行横道，知道看左右车辆。

三、儿童运动特征

1. 骨骼关节特点

儿童时期，骨骼正处于生长发育阶段，软骨成分较多，骨组织中有机物与无机物之比为

5∶5，而成人为3∶7，所以，其骨骼弹性大而硬度小，不易完全骨折，但易弯曲变形。骨的成分随着年龄的增长逐渐发生变化，坚固性增强，韧性减小。在生长过程中，骺软骨迅速地生长使骨伸长，并逐渐完全骨化。在骨完全骨化前，该部位的任何过大负荷都会影响骨骺的正常生长。儿童骨组织内含钙较少，骨化过程尚未完成，骨骼弹性强，容易弯曲。肌肉比成人容易疲劳，尤其是单调动作和长时间使身体保持单一姿势时，更易发生疲劳。

儿童在关节结构上与成人基本相同，但关节面软骨较厚，关节囊较薄；关节内外的韧带较薄而松弛，关节周围的肌肉较细长，所以其伸展性与活动范围都大于成人，关节的灵活性与柔韧性都易发展，但牢固性较差，在外力的作用下较易脱位。

2. **运动对穿着的影响**

学龄前期的儿童生性好动，活动量和活动范围比原来显著增加，在活动过程中，服装经常无法穿工整，最为明显的表现是裤子往下掉后而撕裂。这一问题既要从前面静态的体型特征上研究方案，更重要的还要从儿童动态活动引起形态变化中找方案。小孩子常奔跑、跨步，而且小孩奔跑时两腿展开的角度很大。裤子腰头在玩耍时容易往下掉，如图1－21为腰头正常穿着位置，图1－22为运动后裤子下滑时腰头所在位置，此时裆部跑到了腿部，两腿跑时一张开，裤裆就撕裂了。究其原因，除了与面料的使用和宽松程度有关外，更为主要的是①童裤在穿着过程中易下滑。幼童体型特征表现为腹部圆滚，臀部较小，腰节部位不明显，童裤的腰头容易随着运动对裤裆的拉牵而下移。②腰头与裤裆下移后，裤裆跑到了人体的大腿部位上，随着儿童的运动，裤裆的结构无法满足儿童腿部的大幅度运动而撕裂。

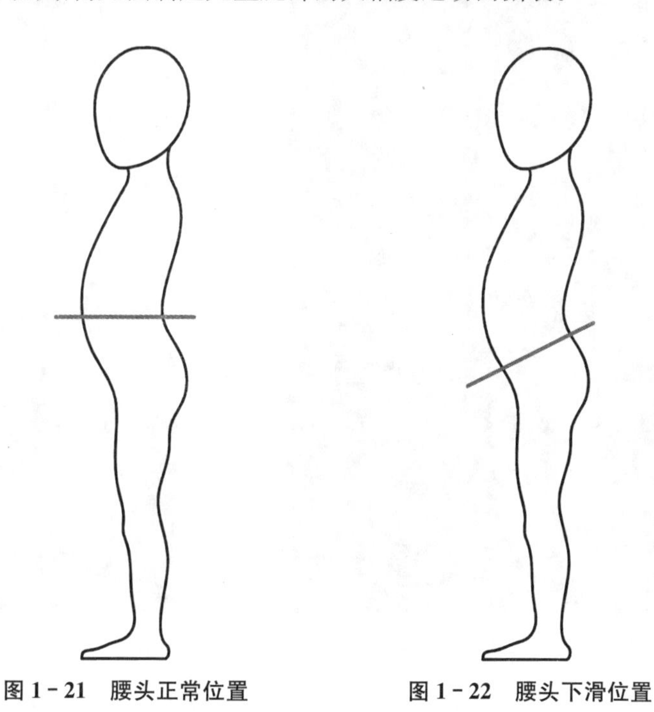

图1－21　腰头正常位置　　**图1－22　腰头下滑位置**

要解决这一问题，就应在结构上把裤子后裆挖深些，使两条裤管拉直后内侧缝线能成一直线，同时增加臀围、横裆的宽度，这样裆部就更不容易因腿部跑动而撕裂。儿童是快速成长期，为不束缚身体而影响生长发育，童裤腰头一般都设计成松紧带形式，以满足一定的弹性和伸缩性，也不影响运动时束压身体。儿童好动，产热、出汗量也会更大。

儿童在平时的玩耍和活动中，很容易摔倒，或将身体、衣服弄脏，因此服装款式应避免太露，防止外物侵害身体。

第三节　儿童体型测量及体型特征数据

一、儿童体型测量

现在的人体测量一般都采用无接触式人体三维扫描技术，结合少量的手工测量，如图1－23为三维人体扫描，图1－24为电子身高计。先通过人体扫描仪得到，再由计算机自动或结合人工半自动得出。对于扫描图中不易识别的人体特征点，可以在人体相应位置贴标记点加以识别。图1－25为西安工程大学服装工程中心利用法国力克三维人体扫描仪获取的儿童立姿三维数字化体型图，图1－26为儿童坐姿三维数字化体型图。

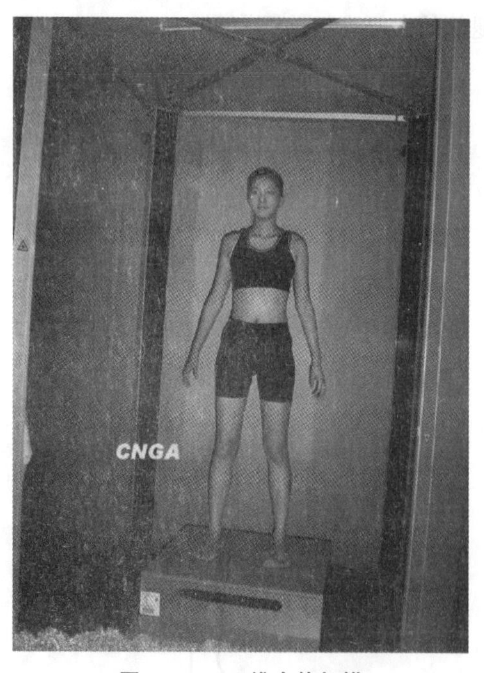

图1－23　三维人体扫描

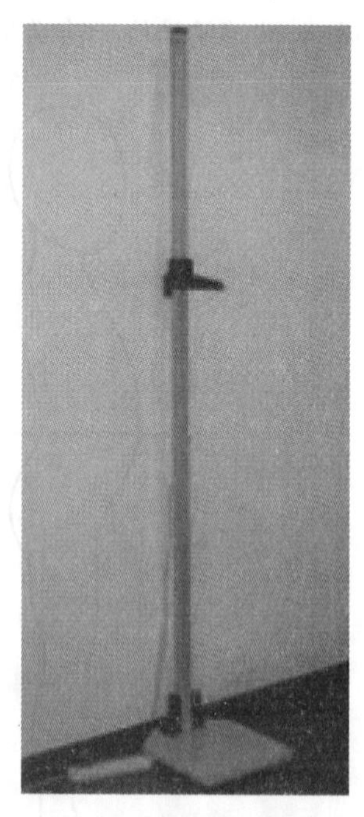

图1－24　电子身高计

进行人体扫描时，立姿除了图1－25所显示的双脚略为分开的姿势外，还有双脚并拢的姿势。本书把双脚并拢的姿势定为立姿A，双脚略为分开的姿势为立姿B。

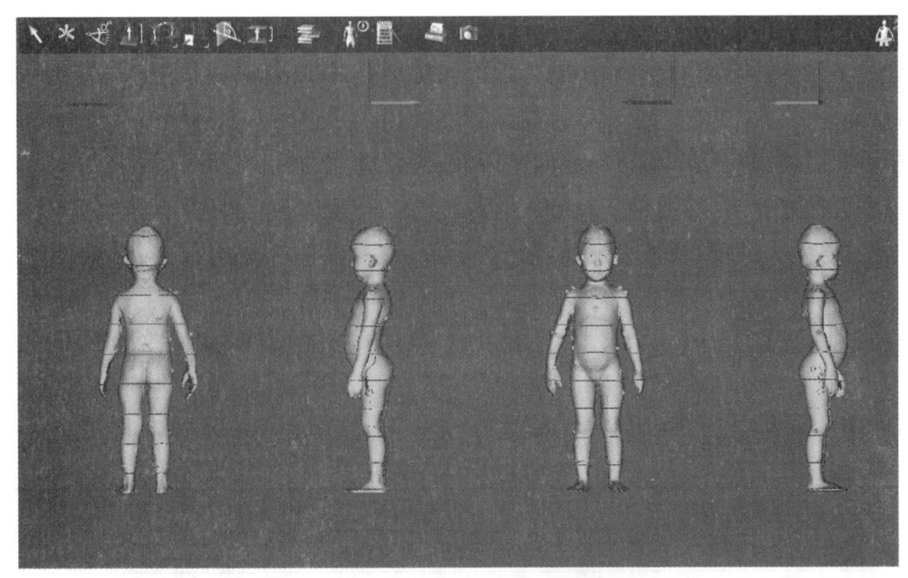

图 1－25　儿童立姿三维数字化体型图

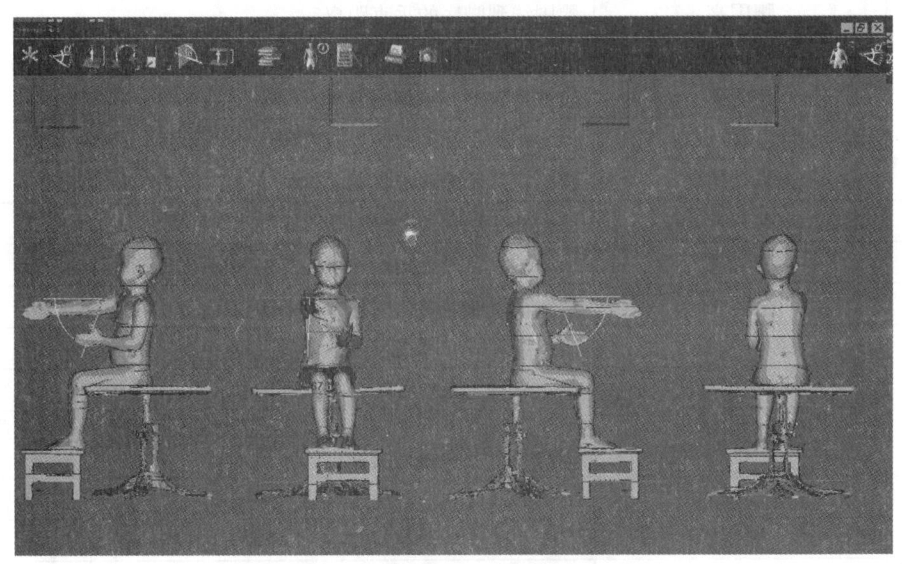

图 1－26　儿童坐姿三维数字化体型图

人体扫描时，立姿 A 应注意的事项是：

① 双脚并拢，双脚脚尖对齐测量台上的横线；

② 双手自然下垂，轻靠腿部，拇指自然外展，露出虎口；

③ 躯干挺直，头摆正，双目平视前方。

立姿 B 应注意的事项是：

① 双脚略为分开，与肩同宽，双脚脚尖对齐测量台上的水平横线，脚内侧对齐测量台上的一对互相平行的纵线；

② 两肩放松，双手自然下垂，与腿部保持一定的距离；

③ 躯干挺直，头摆正，双目平视前方。

坐姿应注意的事项是：

① 双腿略为分开坐在椅子上，小腿与地面保持垂直，腘部轻靠椅子边缘，调节座椅高度使双脚轻触地；

② 左手曲肘，轻靠身体，前臂与地面平行，四指并拢，大拇指自然外展；

③ 右手五指并拢，自然前伸，与地面平行；

④ 躯干挺直，头摆正，双目平视前方。

二、主要测量部位

主要测量部位见图 1－27、图 1－28 及表 1－3。

表 1－3　主要测量部位

序号	部位名称	测量方式
①	身高	头顶点到脚底的垂直距离
②	颈椎点高	第七颈椎点到脚底的垂直距离
③	腰围高	腰围线到脚底的垂直距离
④	臀围高	臀围线到脚底的垂直距离
⑤	会阴高	耻骨联合下方到脚底的垂直距离
⑥	坐姿颈椎点高	第七颈椎点到椅面的垂直距离
⑦	坐姿腰围高	腰围线到椅面的垂直距离
⑧	后背长	第七颈椎点到腰围线的垂直距离
⑨	躯干长	从肩颈点穿过会阴点环绕一周再回到原点的距离的一半
⑩	全臂长	从肩端点通过肘点到腕关节的长度
⑪	腿外侧长	髂嵴点经脚外踝关节至地面的长度
⑫	头围	经过眉骨上方和后脑勺的头部围长
⑬	颈根围	从前颈窝点经由左(右)颈肩点、后背第七颈椎点、右(左)颈肩点量至前颈窝点的体表围长
⑭	胸围	沿胸部最丰满位置绕过后背水平围长
⑮	腰围	后腰最凹点经过左、右侧腰点的体表围度
⑯	腹围	肚脐中点心沿人体表面水平围长
⑰	臀围	大转子点处沿人体表面水平围长
⑱	大腿根围	臀沟下缘处，左大腿部肌肉向内侧最突出处的水平围长
⑲	肩宽	从左肩端点经颈椎点至右肩端点沿后背表面的长度
⑳	肩幅	肩端点至颈肩点的长度
㉑	肩斜角	颈肩点处肩斜面与水平面的夹角
㉒	前胸宽	左侧腋窝前点沿前胸表面量至右侧腋窝前点的距离
㉓	后背宽	左侧腋窝后点沿后背表面量至右侧腋窝后点的距离
㉔	臀厚	臀后高点至臀前突点的水平距离
㉕	腹厚	腹前突点至后腰线的水平距离
㉖	臀腹厚	臀后高点至腹前突点的水平距离

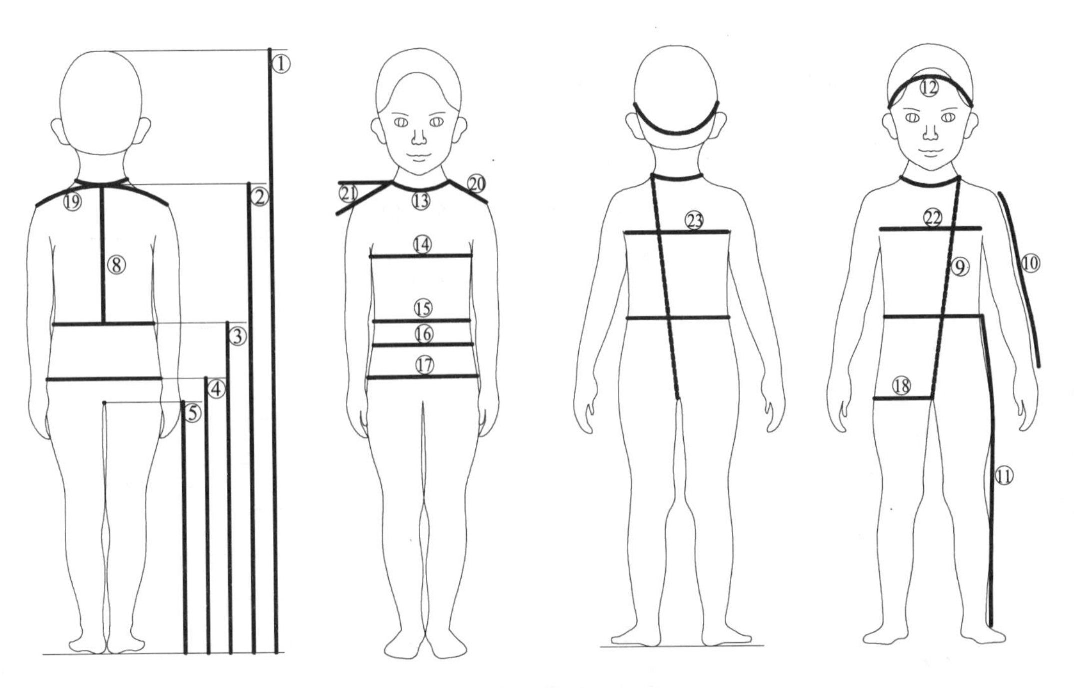

图 1－27　儿童体型测量图(一)

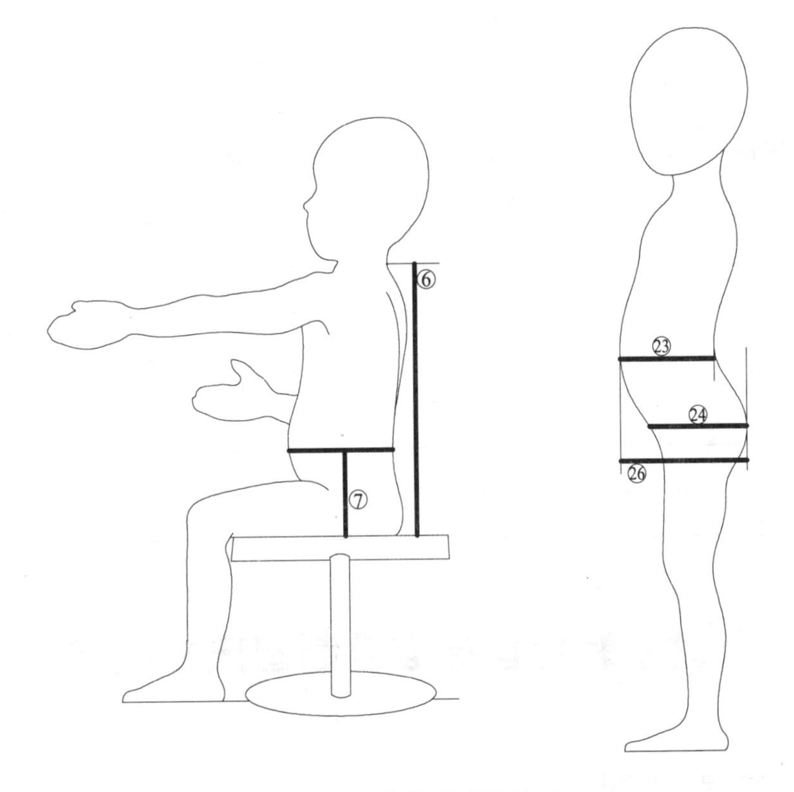

图 1－28　儿童体型测量图(二)

三、儿童主要部位测量所得数值

以4～6岁儿童为例，数值取男女平均值，见表1-4。

表1-4　4～6岁儿童人体数值　　单位：cm

项目名称	4岁	5岁	6岁
身高	102	110.4	117.3
颈椎点高	81.3	88.8	95.4
腰围高	56.6	61.3	65.9
臀围高	45.4	49.6	54.6
坐姿腰围高	16.3	17.2	18.0
全臂长	33.5	35.4	37.3
腿外侧长	59.9	65.4	69.1
头围	51.1	51.9	52.3
颈根围	27.1	28.0	28.4
胸围	56.5	58.3	59.4
腰围	50.8	51.9	53.5
腹围	52.0	53.6	54.9
臀围	57.6	61.4	64.4
大腿根围	31.6	32.8	34.8
肩宽	30.2	30.5	31.1
肩幅	10.2	10.2	10.4
肩斜角	33.0	30.9	29.9
前胸宽	23.9	25.2	26.3
后背宽	23.6	24.5	25.5
臀厚	15.3	16.7	17.1
腹厚	15.0	15.3	15.5
臀腹厚	18.3	19.0	19.5

第四节　儿童服装号型标准及制图尺寸设定

一、儿童服装号型标准

我们现在采用的儿童服装号型标准是2009年3月19日发布的GB/T 1335.3—2009《服

装号型 儿童》,该标准由中华人民共和国国家质量监督检验检疫总局、中国国家标准化管理委员会发布,于2010年1月1日正式实施。

以该标准为依据,我们对儿童服装号型标准常用数值整理成表1-5～表1-10。

表1-5　儿童服装号型系列的划分

对象	分档数值(cm)			系列名称	
	身高	胸围	腰围	上装	下装
身高52 cm～80 cm婴儿	7	4	3	7·4系列	7·3系列
身高80 cm～130 cm儿童	10	4	3	10·4系列	10·3系列
身高135 cm～155 cm女童	5	4	3	5·4系列	5·3系列
身高135 cm～160 cm男童	5	4	3	5·4系列	5·3系列

表1-6　身高52～80 cm婴儿号型系列数值　　单位:cm

号	型					
	上装			下装		
52	40			41		
59	40	44		41	44	
66		44	48	41	44	47
73		44	48		44	47
80			48			47

表1-7　身高80～130 cm儿童控制部位数值　　单位:cm

部位		数　值					
长度	身高	80	90	100	110	120	130
	坐姿颈椎点高	30	34	38	42	46	50
	全臂长	25	28	31	34	37	40
	腰围高	44	51	58	65	72	79

部位		数　值				
围度	胸围	48	52	56	60	64
	颈围	24.20	25	25.8	26.60	27.40
	总肩宽	24.40	26.20	28	29.80	31.60
	腰围	47	50	53	56	59
	臀围	49	54	59	64	69

表 1-8　身高 135～155 cm 女童控制部位数值

单位：cm

部位		数　值				
长度	身高	135	140	145	150	155
	坐姿颈椎点高	50	52	54	56	58
	全臂长	43	44.50	46	47.50	49
	腰围高	84	87	90	93	96
围度	胸围	60	64	68	72	76
	颈围	28	29	30	31	32
	总肩宽	33.80	35	36.20	37.40	38.60
	腰围	52	55	58	61	64
	臀围	66	70.50	75	79.50	84

表 1-9　身高 135～160 cm 男童控制部位数值

单位：cm

部位		数　值					
长度	身高	135	140	145	150	155	160
	坐姿颈椎点高	49	51	53	55	57	59
	全臂长	44.50	46	47.50	49	50.50	52
	腰围高	83	86	89	92	95	98
围度	胸围	60	64	68	72	76	80
	颈围	29.50	30.50	31.50	32.50	33.50	34.50
	总肩宽	34.60	35.80	37	38.20	39.40	40.60
	腰围	54	57	60	63	66	69
	臀围	64	68.50	73	77.50	82	86.50

表 1-10　儿童主要控制部位分档数值

单位：cm

部位	身高 52～80 cm 婴儿	身高 80～130 cm 儿童	身高 135～155 cm 女童	身高 135～160 cm 男童
身高	7	10	5	5
坐姿颈椎点高	2.5	4	2	2
全臂长	2	3	1.5	1.5
腰围高	5	7	3	3
胸围	4	4	4	4
颈围	0.8	0.8	1	1
总肩宽	1.5	1.8	1.2	1.2
腰围	3	3	3	3
臀围	4.5	5	4.5	4.5

注:儿童号型无体型之分。

二、儿童服装结构制图尺寸设定

服装的结构制图尺寸是在净体尺寸的基础上加上一定的放松量后所得的尺寸，因此，对于本章所涉及的人体尺寸测量及童装号型标准尤其重要。对于童装的主要部位制图尺寸的设定方式，主要是针对净体尺寸的加放量，如表 1－11 所示，其中衣（裙、裤）长的尺寸以身高来衡量，袖长是在全臂长数值的基础上进行加放的。

表 1－11　常见童装的部位加放量　　单位：cm

品种	衣（裙、裤）长	袖长	胸围	臀围	腰围	领围	肩宽
背心	46％身高		10～14				
衬衫	50％身高	1～2	12～16			2～3	0.5
西服	53％身高	2～3	16～20			3～4	1～1.5
夹克衫	49％身高	1～2	18～26			2～4	1～2
长大衣	70％身高	2～3	18～22			3～5	1～2
连衣裙	78％身高		12～16				
短裤	30％身高			8～10	2（加松紧带除外）		
长裤	75％身高			12～16			

第四节　儿童服装原型法制图

一、6～7 岁儿童服装原型制图

6～7 岁的儿童服装在性别差异上只体现颜色、图案与款式的差别，而在应用于原型制图中的体型数据在此年龄阶段则无明显的男女差别。

1. 6～7 岁儿童服装原型法制图中的体型数据（表 1－12）

表 1－12　6～7 岁儿童体型数据表　　单位：cm

身高	胸围(B)	背长	全臂长
120	60	28	37

注：表中的数据均指人体净尺寸。

2. 6～7 岁儿童衣原型制图

由于儿童正处于成长发育阶段，且肢体活动量大，因此胸围的加放量应比成年人加放得更多，以满足呼吸量及足够的成长运动量。6～7 岁儿童胸围加放量为 14 cm。6～7 岁儿童上装型制图如图 1－29、图 1－30 所示。

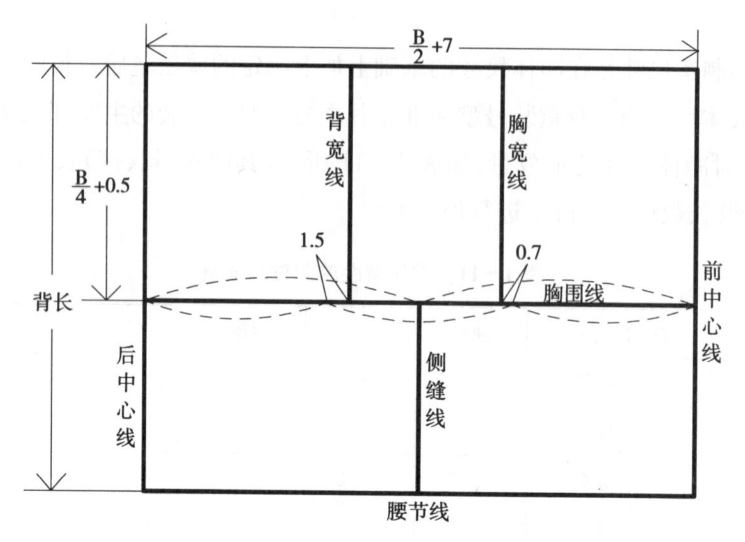

图 1－29　6～7 岁儿童衣原型基础线制图

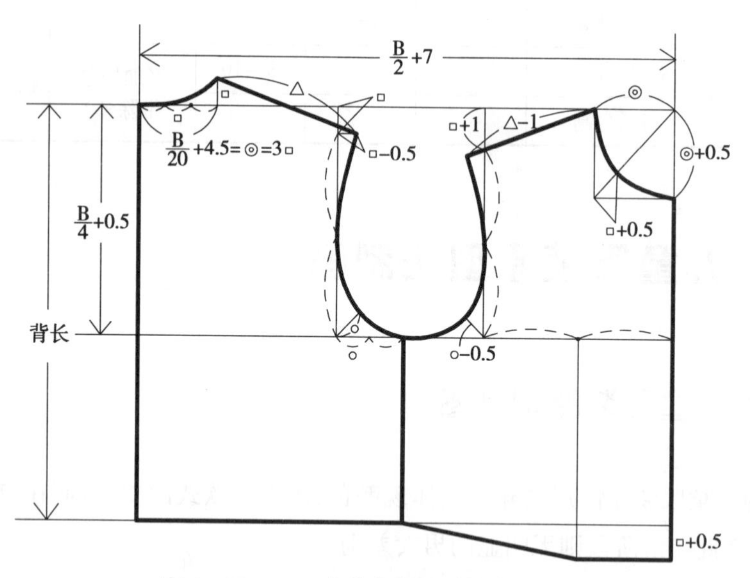

图 1－30　6～7 岁儿童衣原型轮廓线制图

3. 6～7 岁儿童袖原型制图

6～7 岁儿童全臂长为 37 cm，加放 1 cm 作为袖长尺寸，因此袖原型中的袖长尺寸为 38 cm。前袖窿围尺寸（前 AH）、后袖窿围尺寸（后 AH）在衣原型上量取。制图中的袖窿围（AH）通常指前袖窿围尺寸与后袖窿围尺寸之和。6～7 岁儿童袖原型制图如图 1－31、图 1－32 所示。

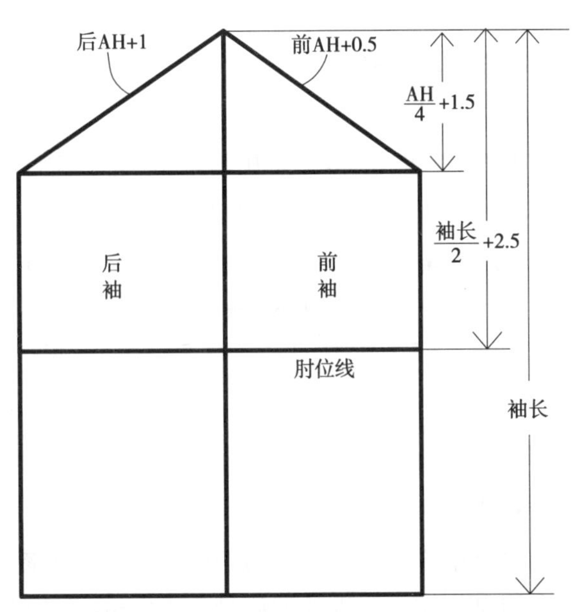

图 1 - 31　6～7 岁儿童袖原型基础线制图

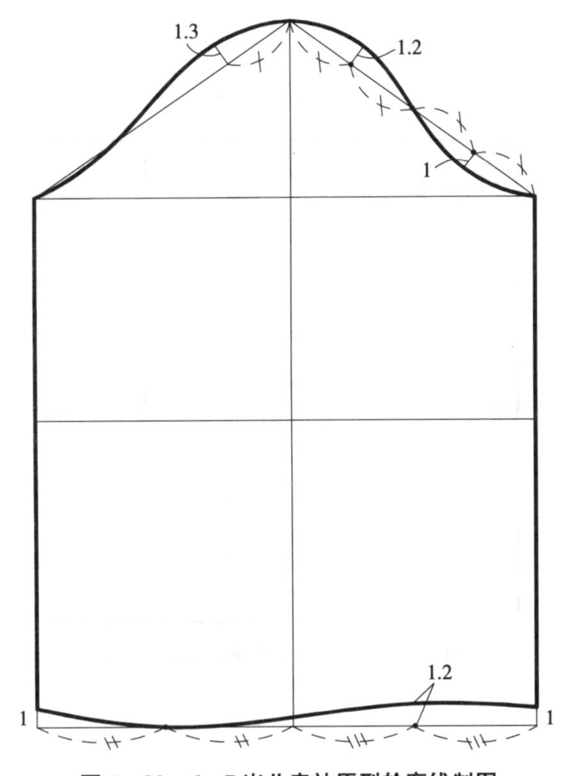

图 1 - 32　6～7 岁儿童袖原型轮廓线制图

二、12 岁左右少女装原型制图

本书少女装原型制图中的人体净尺寸数据采用的是 12 岁左右的人体体型数据。如果生理结构发育较早的青少年，则应采用成年人的上装原型。

1. 12 岁左右少女服装原型法制图中的体型数据（表 1－13）

表 1－13　12 岁少女体型数据表　　单位：cm

身高	胸围(B)	背长	全臂长
150	72	34	47.5

注:表中的数据均指人体净尺寸。

2. 12 岁少女衣原型制图

少女以中学女生为主，这个年龄处于学童期与成年人之间，女生逐步进入青春发育期，第二性特征开始出现，胸部与臀部变丰。胸围的加放量为 12 cm，介于学童服装与成年服装之间，以满足基本呼吸量及身体发育所需的服装宽松量。12 岁少女衣原型制图如图 1－33、图 1－34 所示。

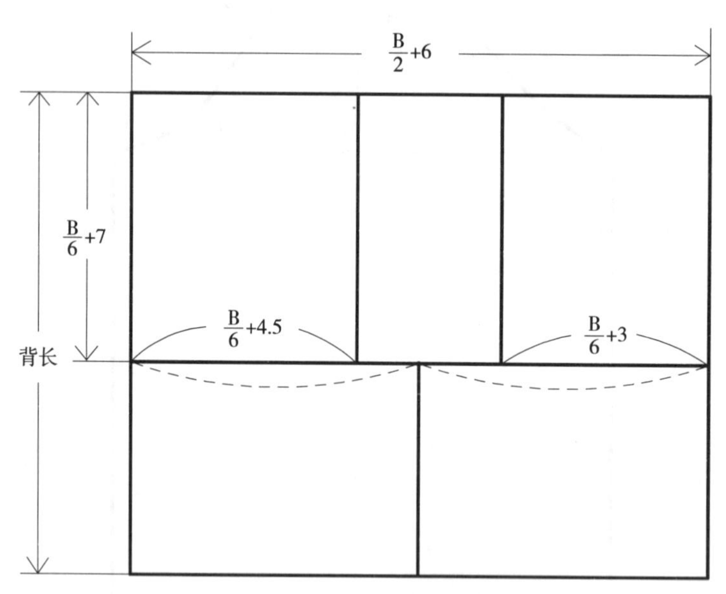

图 1－33　12 岁少女衣原型基础线制图

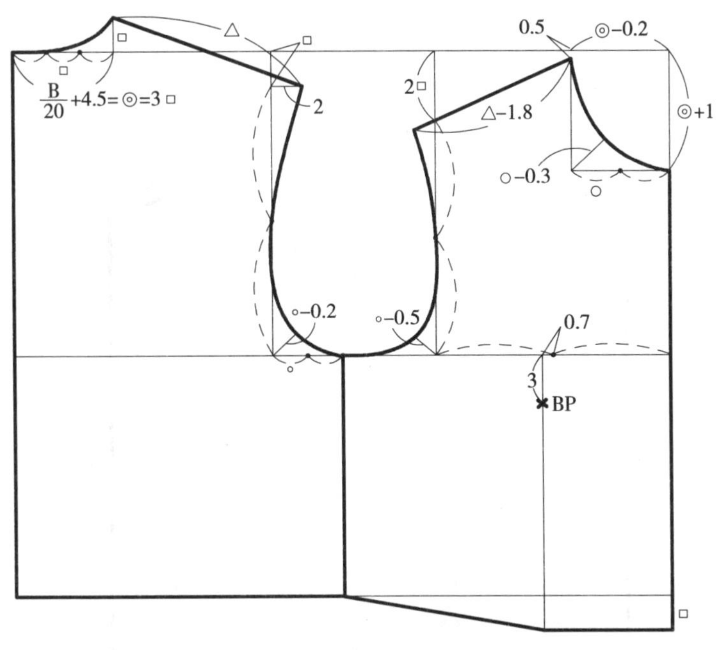

图 1 - 34　12 岁少女衣原型轮廓线制图

3. 12 岁少女袖原型制图

12 岁少女全臂长为 47.5 cm，加放 1.5 cm 后作为袖长尺寸，因此袖原型中的袖长尺寸为 49 cm。前袖窿围尺寸（前 AH）、后袖窿围尺寸（后 AH）在衣原型上量取。制图中的袖窿围（AH）通常指前袖窿围尺寸与后袖窿围尺寸之和。12 岁少女袖原型制图如图 1 - 35、图 1 - 36 所示。

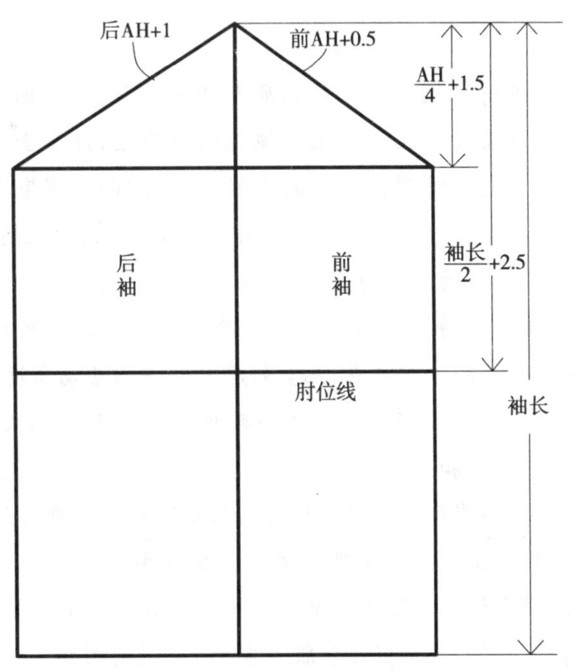

图 1 - 35　12 岁少女袖原型基础线制图

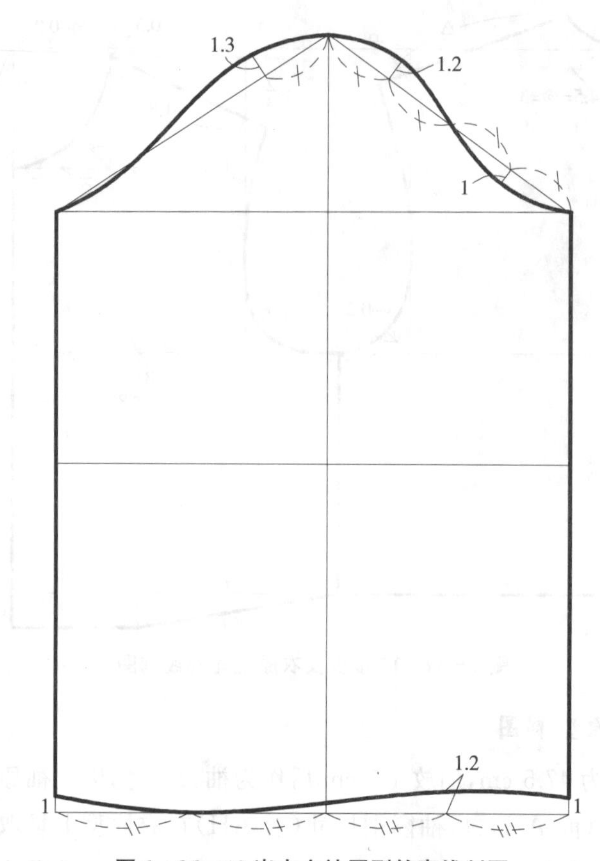

图 1-36　12 岁少女袖原型轮廓线制图

本章小结

- 对童装的消费情况进行了调研。童装品质有待规范与提高，同时，家长对童装的自主消费意识比较强。童装设计在面料上以纯棉面料为主，注重面料的安全舒适性能；色彩上一方面体现儿童自身对明快色彩的喜好，另一方面体现家长对朴素大方、耐看的色彩的喜好；款式以简洁、美观、大方的休闲装为主；在结构上结合儿童的体型特征及运动规律性，以宽松舒适的结构为主；缝制工艺上，线迹、装饰物应牢固。
- 儿童的生理、心理及运动特点。对儿童进行阶段划分及每一阶段的体型特征；儿童具有活泼、好动，认知欲强的心理特点；儿童好动且肢体的活动角度范围比成人更大。
- 儿童体型测量及体型特征数据。儿童体型数据现多为无接触式三维人体扫描测量而得，测量时采取两种站姿和一种坐姿。
- 儿童服装号型标准及制图尺寸设定。现行的儿童服装号型标准是 2009 年 3 月 19 日发布的 GB/T 1335.3—2009《服装号型 儿童》，该标准由中华人民共和国国家质量监督检验检疫总局、中国国家标准化管理委员会发布，于 2010 年 1 月 1 日正式实施。
- 儿童服装原型制图，包括 6～7 岁儿童服装衣、袖原型制图和 12 岁左右少女服装衣、袖原型制图。

作业

1. 调研童装的市场消费情况。
2. 了解儿童的生理、心理及运动特点对童装设计的影响。
3. 熟悉儿童的体型测量方式及体型特征数据。
4. 掌握儿童服装号型标准。
5. 完成 6～7 岁儿童服装衣、袖原型的制图和 12 岁左右少女服装衣、袖原型的制图。

第二章　婴儿装设计与结构制图

知识点

◆ 婴儿装设计要素
◆ 婴儿上装设计与结构制图
◆ 婴儿裤装设计与结构制图
◆ 婴儿连体装设计与结构制图
◆ 其他婴儿装款式设计与结构制图

◎ 教学目标：

1. 掌握婴儿装的设计要素；
2. 掌握婴儿上装常见款式的设计与结构制图；
3. 掌握婴儿裤装常见款式的设计与结构制图；
4. 掌握婴儿连体装常见款式的设计与结构制图；
5. 掌握婴儿其他服装常见款式的设计与结构制图。

◎ 教学重点：

常见婴儿服装的款式设计与结构制图。

◎ 教学方法：

1. 引入法：如引入生活中大家见过的婴儿服装来讲解款式设计与结构制图；
2. 讲授法与演示法相结合：如讲授演示各种婴儿装的款式设计与结构制图；
3. 实践法：如学生自己做制图练习。

第一节　婴儿装设计要素

婴儿期(0～1岁)是智力开发的黄金时期,婴儿服饰设计中,我们从色彩、饰物、声音三个方面把握益智功能元素的应用。婴儿喜欢简单、一目了然、色彩明亮鲜艳的事物,把这些事物加入到服装中,能引起婴儿的好奇心与兴趣,并能够有意识地把婴儿的好奇心转化为对知识的热烈探求的欲望。

一、款式

婴儿装的款式要求简洁、宽松,且尽量减少衣片的接缝线,因为婴儿皮肤细嫩,接缝处会影响舒适性。上衣的后衣片多左右连裁,袖片以一片袖为主。贴身穿内衣多设计成系带式;裤装多前后片连裁,可采用开裆裤,方便婴儿大小便。但开裆裤比较暴露,影响到婴儿的卫生性,尤其是较大婴儿学会了爬行,因此现在婴儿裤装也多采用闭裆裤,但裆部要加深,或处理成低裆裤,以保留裤内有足够的空间包裹纸尿裤。对于婴儿服装,连体衣、连袜裤等也是常用的款式,保暖防着凉,也更有效防止接触外界的细菌和其他的不卫生物体。具体款式如图2-1所示。

二、色彩

五彩缤纷不但装扮了美丽的世界,也敲开了孩子的智慧之门。明亮艳丽的色彩能够刺激小宝宝的感觉器官,小宝宝的智力就是在不断的刺激、持久的感觉中逐渐丰富发展起来的。哈佛大学也曾做过一个独具说服力的试验,把刚出生的婴儿分别放在五颜六色的床上和只铺白布的床上,结果放在五颜六色的床上的婴儿只用半个月就会用手去触摸吊在自己头上的东西,比躺在白布床上的婴儿快了一倍。

为了使宝宝更加聪明,身心更加健康,婴儿服饰就应多采用明亮温暖色系,如黄色、桃红色、紫红色、绿色。这些色彩可以相互搭配、可以相间出现,这样宝宝也可以认识到颜色的不同。在日常亲子互动中,婴儿虽然还不会说话,但家长也可以指引宝宝认识这些色彩,如指着衣服上的色块说“这是黄色的”。给宝宝穿衣服时,把衣服在宝宝面前提起来抖抖,说“宝宝衣服是红色的,给宝宝穿,红红的衣服好漂亮啊”。这样,宝宝就能对这些色彩留下印象。还有,黑白色彩虽然不是有色系,但由于其强烈鲜明的对比,能够锻炼婴儿的视觉对比能力。

图 2－1　婴儿装款式

三、面辅料

面辅料是影响童装品质与穿着舒适性的重要因素。针对婴儿的生理特点，宜选用环保、吸湿性强、透气性好、对皮肤刺激小的天然纤维，这是因为化学合成纤维大多从石油、天然气中提炼出来，对皮肤的刺激性较大；其次合成纤维吸湿性小、透气性差，有碍于汗液蒸发，而且合成纤维静电吸尘较严重。婴儿装最常用的就是棉类针织物，如图 2－2～图 2－13 所示。使用优质棉纱织造的针织提花布，质地轻薄，图案清晰，手感柔软，吸湿性好，弹性强，非常适宜做汗衫、背心、T 恤、棉毛衫等。无正反面之分且不会卷边的棉毛布（双面布）具有较好的横向弹力和纵向延伸性，保暖性好，吸湿性强，手感丰满，很适合做婴儿的 T 恤、内衣、运动服等。以提花结构为主的复合布，坚牢耐用，手感丰满，保暖性好，不易变形，适宜做外衣、棉袄、棉裤等。反面是排列有序的毛圈结构的毛圈布，保暖性好，吸湿性好，手感柔软，绒毛丰满，很适宜制作冬季内衣、睡衣、儿童春秋外衣等。

图 2－2　色织汗布正面

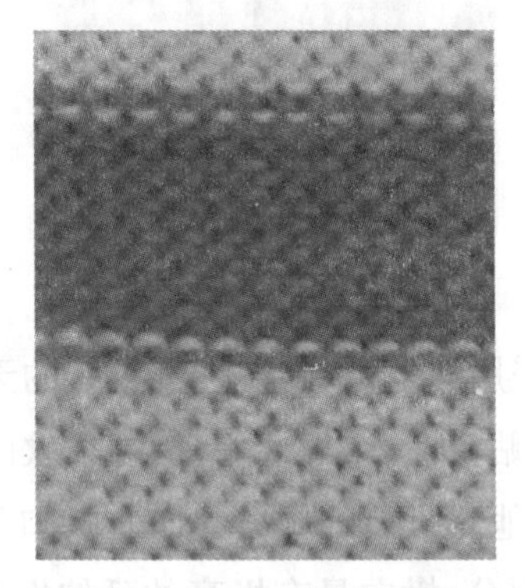

图 2－3　色织汗布背面

图 2－4　棉毛布

图 2－5　绒布

图 2－6　提花布 1

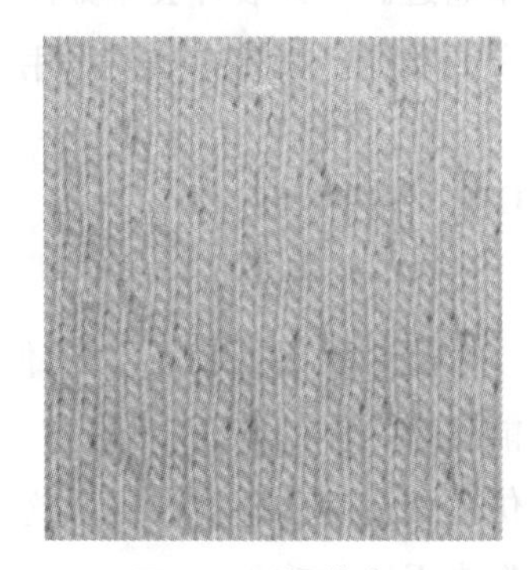

图 2－7　提花布 2

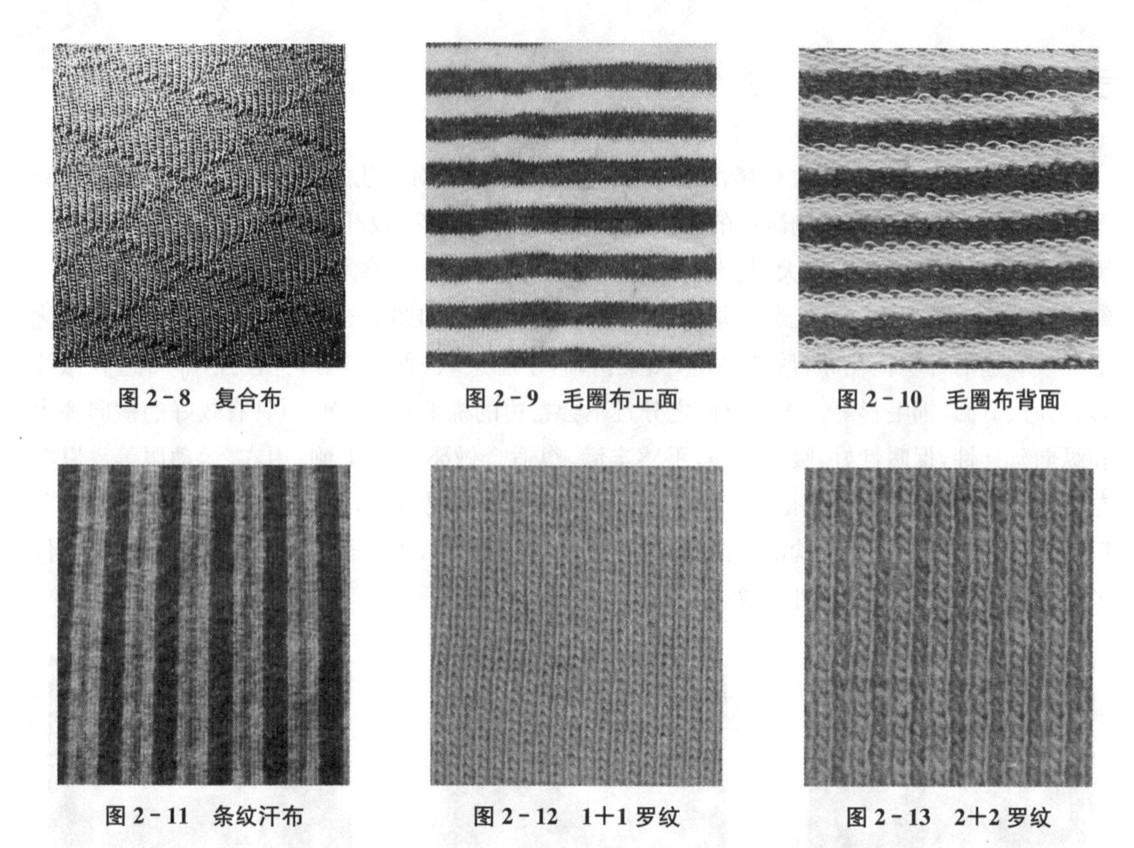

图 2-8　复合布　　图 2-9　毛圈布正面　　图 2-10　毛圈布背面

图 2-11　条纹汗布　　图 2-12　1+1 罗纹　　图 2-13　2+2 罗纹

对于婴儿装的里料，一般宜采用透气性、吸湿性都较好的天然棉纤维，柔软而舒适，比如汗布，也叫单面针织布，具有良好的贴身性，透气性好，织物柔软而富有弹性，吸湿性强，是婴儿装理想的贴身里层布。婴儿装及其他儿童装的领口、袖口、裤口等常采用罗纹布，罗纹布为双面组织，通常有 1+1、2+2 等种类之分，横向具有极高的延伸性和弹性，密度越大，弹性越好，且不卷边。婴儿装外套中如需使用扣子、拉链，则应选择薄的钮扣及柔软的尼龙拉链，以免伤害婴儿身体。裤装中如需采用松紧带，宜选窄的、弹性好的薄型松紧带，以免腰部被勒。

四、饰物

婴儿装不可装饰太多，但适当的饰物对婴儿的成长却有很大的益处。婴儿在第 8 周时就能发现具体的东西，对饰物也喜欢具象的、简单的。如：漂亮的花朵图案、可爱的动物图案、模仿动物造型的整件衣服。这些饰物图案生动、活泼，能引起他们的好奇心与求知欲，能给他们带来无比的欢乐。

在研究从出生几天到 6 个月大的婴儿对图案的偏好中，发现婴儿都对有图案的圆盘注视的时间更长。同时，在婴儿线形图案偏好研究的结果为：婴儿一般都喜欢看活动的和轮廓线长的曲线图形。根据这些结果，我们可以在服装前襟处做一些小挂物，挂个小花瓣，挂个小草莓之类的，这样就可以把小饰物甩甩，活动起来。当然，从舒适性和安全性考虑，绳子不能太长，

饰物要柔软。一些曲线图形，如圆圈、云纹，其他的几何图形，或从自然界中的动植物抽象、简化而来的线条，这些都可以用在婴儿服饰中。

另外，触觉是人体发展最早、最基本的感觉，也是人体分布最广、最复杂的感觉系统，是新生宝宝认识世界的主要方式。透过多元的触觉探索，有助于促进动作及认知发展。有带婴儿到医院体检的妈妈都知道，保健医生会建议给宝宝抓不同形状的东西，给宝宝玩波波球，以刺激宝宝的触觉神经。因此，我们可以采用不同的面料来缝制图案，或把贴缝的图案边缘处理成毛边，或采用绣花、涂层的方式，或采用立体图案，或没完全缝合，一部分可以活动的饰物。宝宝在抓摸衣服时透过指尖的触摸就能感知衣服表面的不同，刺激他们的触觉神经系统。

对各种装饰物，妈妈也可以指给宝宝看，把宝宝的手指放在那摸摸，说“好可爱的狗狗啊”“阿姨、阿姨”“小圈圈、小圈圈”，几次后，宝宝自己就会主动找这些饰物摸，这些服装上的装饰物如图 2－14～图 2－17 所示。

图 2－14 可爱的小狗狗

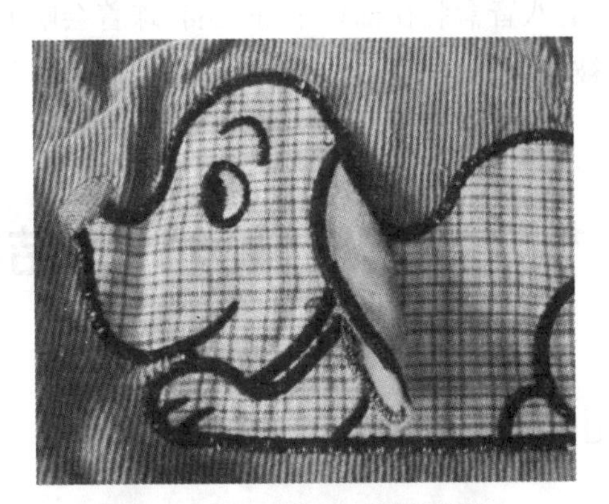

图 2－15 耳朵可活动的狗狗

图 2－16 贴缝的花朵

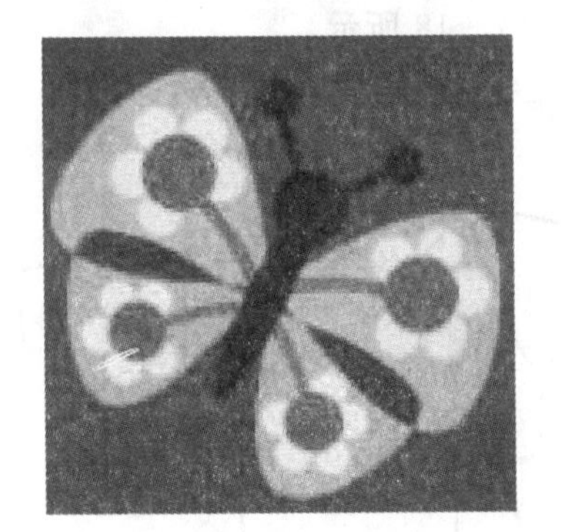

图 2－17 漂亮的花蝴蝶

五、声音

人的感官器官包含眼睛、耳朵、鼻子、皮肤等，通过这些器官获取外界信息送进大脑分析、判断处理。对于听觉细胞，从小就需要激活，没有激活的细胞则退化，退化的细胞恢复功能的机会基本为零。所以我们必须抓紧机会激活婴儿的听觉细胞。一个人的听觉细胞在婴儿期的活跃度最高,40%的听觉系统都是在婴儿期被激活的。这时期适应声音的频谱类型为各类乐器、轻重快慢音乐、主要语言语气语感、自然环境等,宝宝听后不急躁、温和、善意、记忆力好。

动物发出的声音对孩子很有吸引力,它们因为"特别"和"神奇"而深受宝宝的喜爱,而且这些声音之间的差别很大,很适合作为练习宝宝听觉的材料。各种器械的声音能快速引起宝宝的注意力,各种摩擦声音也会让宝宝感觉惊奇。通过认识不同的声音,不仅可以锻炼听觉,扩展视野,发展认知,而且还可以增加宝宝对自然界、对动物的好奇心,有助于形成和增强宝宝的探究欲望。

我们知道,各种会发出声音的玩具很受宝宝的喜欢,同样我们在婴儿服饰中加入声音的元素,就可以让宝宝在穿衣的过程中认识各种声音,在穿着过程中感受发自衣服上的声音带给他们的无穷乐趣。如把铃铛缝在帽子顶端,把揉搓时会发出脆响的塑料纸缝在围嘴里,把小挤铃、微小的八音盒装在袖口中等,还有踩着会响的小鞋子。这些会发声的饰物在宝宝玩耍时就很容易被挤压、触摸到,容易引发婴儿的好奇心与注意力。

第二节　婴儿上装设计与结构制图

一、和尚衣

采用柔软的针织面料,款式宽松、简单,前衣片用绳子系结,穿脱方便,非常适合较小婴儿穿着,款式如图 2-18 所示。

1. 款式设计图

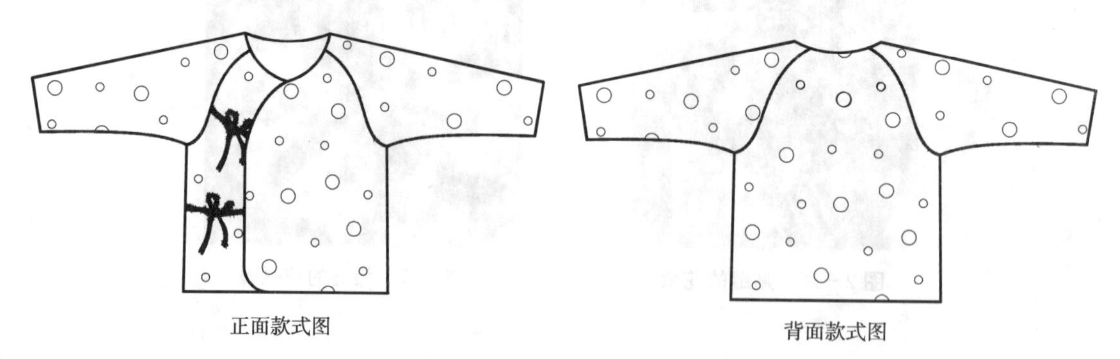

图 2-18　婴儿和尚衣款式图

2. 结构尺寸表

结构尺寸见表 2-1,适合 0~6 个月婴儿穿着。

表 2-1　婴儿和尚衣结构尺寸表　　单位：cm

身高	衣长	胸围	肩宽	领围	袖长	袖口宽
52	27	50	19	25	20	7
59	29	52	20	26	21	7.5
66	31	54	21	27	22	8

3. **结构制图**

婴儿和尚衣结构制图以身高 59 cm 婴儿为例，如图 2-19 所示。

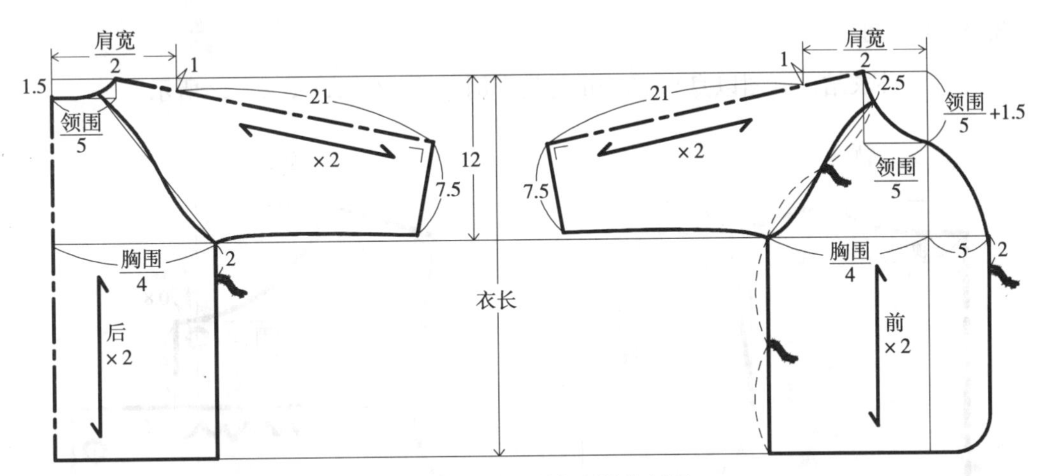

图 2-19　婴儿和尚衣结构制图

二、春秋外衣

此款婴儿上衣为双层，根据穿着需要，中间还可添加絮料，做为冬季外套，款式如图 2-20 所示。

1. **款式设计图**

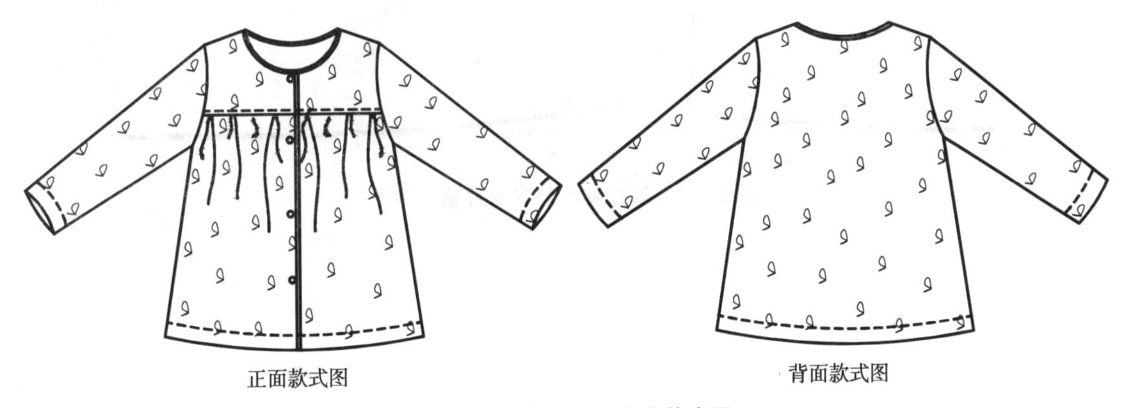

图 2-20　婴儿春秋外衣款式图

2. **结构尺寸表**

婴儿春秋外衣结构尺寸见表 2-2,适合 6~12 个月婴儿穿着。

表 2-2　婴儿春秋外衣结构尺寸表

单位:cm

身高	衣长	胸围	肩宽	领围	袖窿深	袖长	袖口宽
66	32	54	21	25	11	19.5	7
73	34	56	22	26	11.5	21	7.5
80	36	58	23	27	12	22.5	8

3. **结构制图**

婴儿春秋外衣结构制图以身高 73 cm 婴儿为例,如图 2-21、图 2-22 所示。

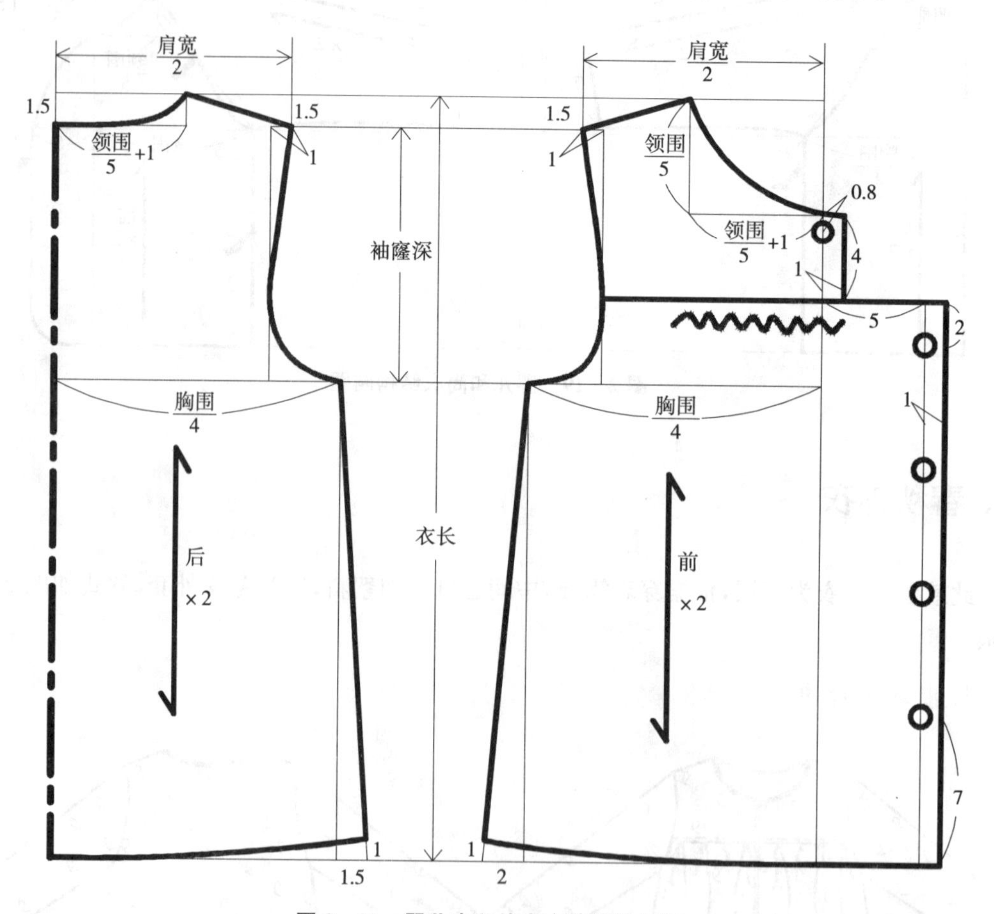

图 2-21　婴儿春秋外衣衣片结构制图

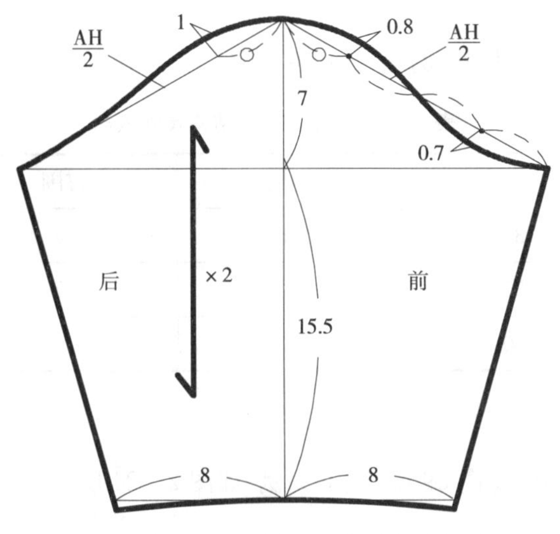

图 2-22　婴儿春秋外衣袖片结构制图

第三节　婴儿裤装设计与结构制图

一、开裆裤

腰头用窄松紧带，以免婴儿腰部被勒着。婴儿便便比较频繁，因此开裆裤很方便。但当婴儿学会爬行后，考虑卫生问题，6 个月后的婴儿较适合穿闭裆裤或裆部开襟，款式如图 2-23 所示。

1. **款式设计图**

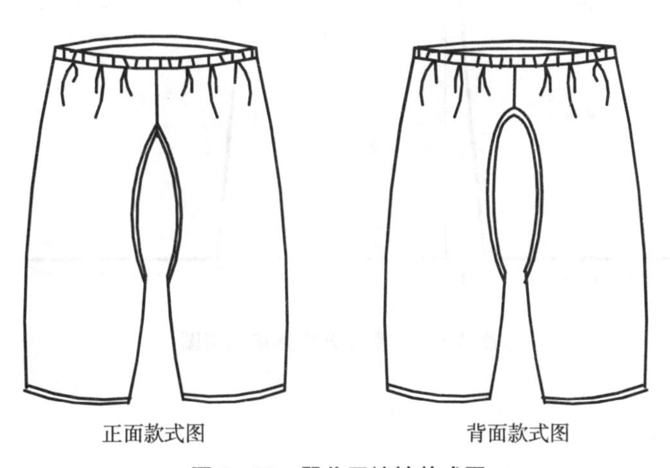

图 2-23　婴儿开裆裤款式图

2. **结构尺寸表**

婴儿开裆裤结构尺寸见表 2-3,适合 0～6 个月婴儿穿着。

表 2-3 婴儿开裆裤结构尺寸表

单位：cm

身高	裤长	上裆长	臀围	裤口宽
52	34	15	64	10.5
59	37	16	67	11
66	40	17	70	11.5

3. **结构制图**

婴儿开裆裤结构制图以身高 59 cm 婴儿为例,如图 2-24 所示。

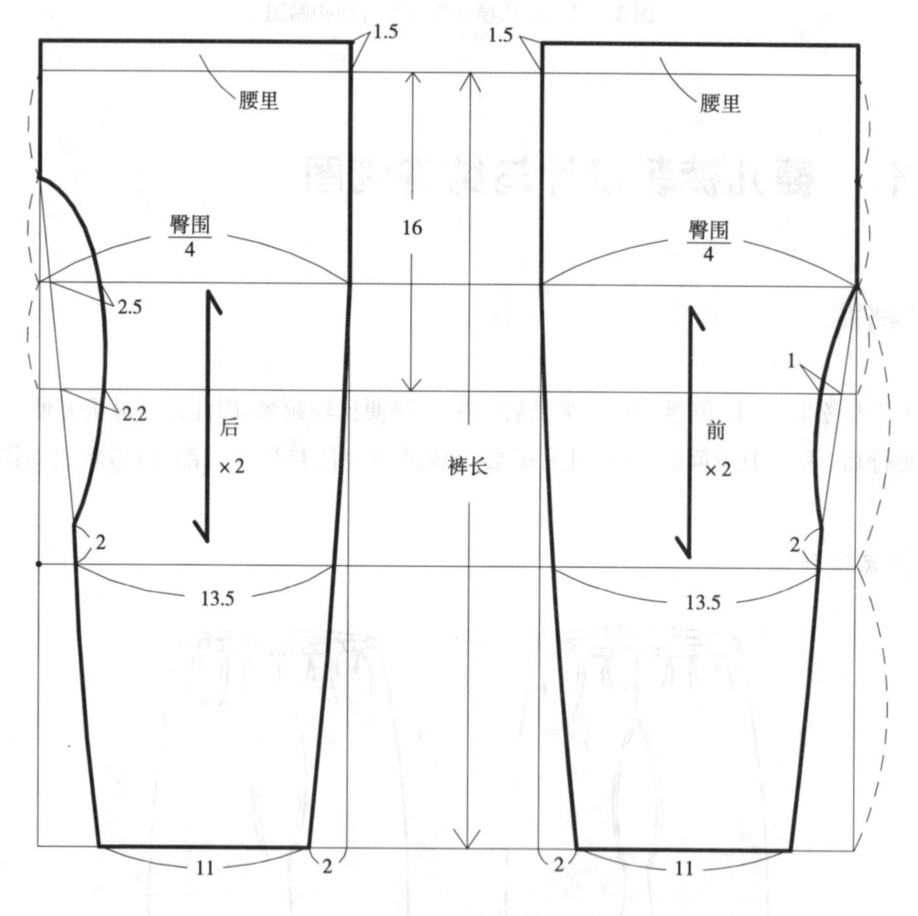

图 2-24 婴儿开裆裤结构制图

二、一片式裤

一片式裤省去侧缝线，使裤子更平整、柔软，款式更简洁、宽松，对于呈外八字腿型的婴儿来说，一片式裤既满足舒适性，也符合体型特征，款式如图 2-25 所示。

1. 款式设计图

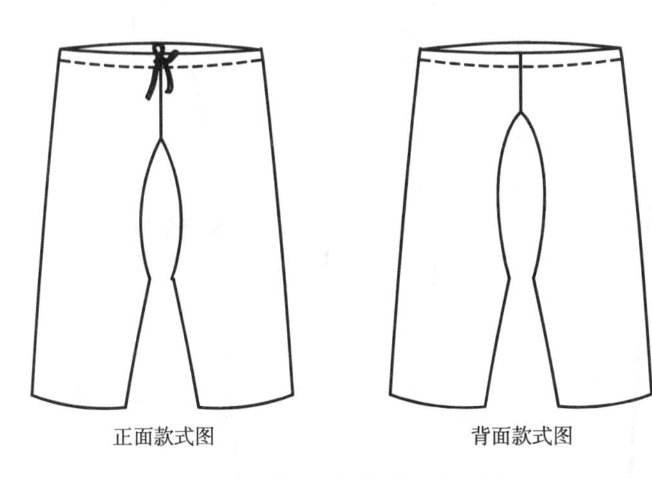

图 2-25　婴儿一片式裤款式图

2. 结构尺寸表

婴儿一片式裤结构尺寸见表 2-4，适合 0～6 个月婴儿穿着。

表 2-4　婴儿一片式裤结构尺寸表　　单位：cm

身高	裤长	上裆长	臀围	裤口宽
52	32	14	58	9.5
59	35	15	61	10
66	38	16	64	10.5

3. 结构制图

婴儿一片式裤结构制图以身高 59 cm 婴儿为例，如图 2-26 所示。

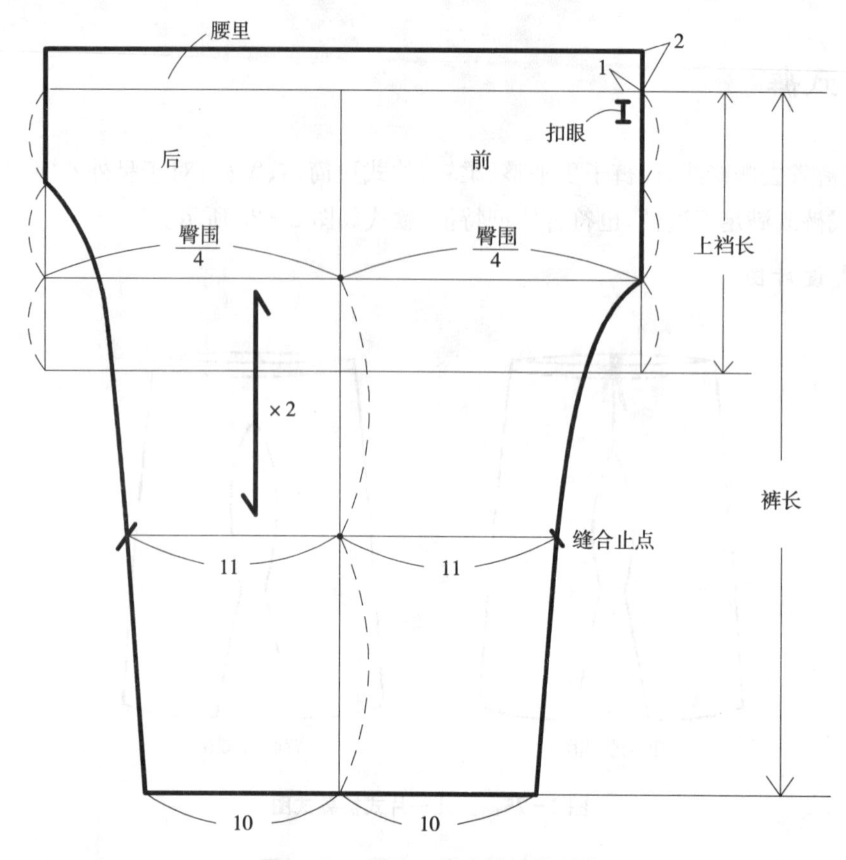

图 2-26　婴儿一片式裤结构制图

三、连袜裤

考虑脚部的保暖，婴儿裤子也可以设计成连袜款式，款式如图 2-27 所示。

1. 款式设计图

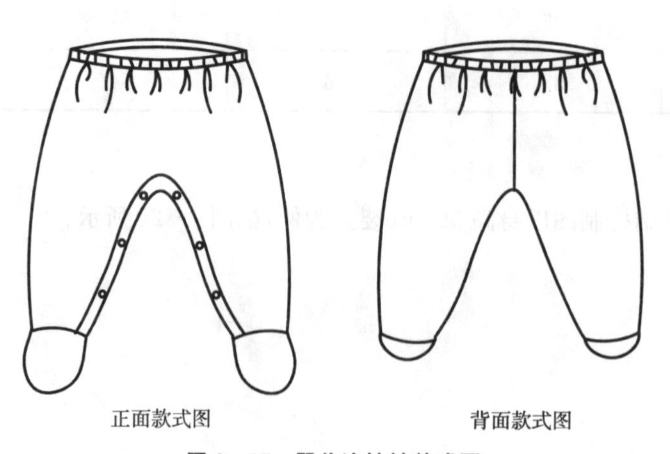

图 2-27　婴儿连袜裤款式图

2. **结构尺寸表（适合）**

婴儿连袜裤结构尺寸见表 2-5,适合 0~12 个月婴儿穿着。

表 2-5　婴儿连袜裤结构尺寸表　　单位：cm

身高	裤长(不包括袜长)	上裆长	臀围	裤口宽
52	34	14	60	9
59	37	15	63	9.5
66	40	16	66	10
73	43	17	69	10.5
80	46	18	72	11

3. **结构制图**

婴儿连袜裤结构制图以身高 66 cm 婴儿为例,如图 2-28 所示。

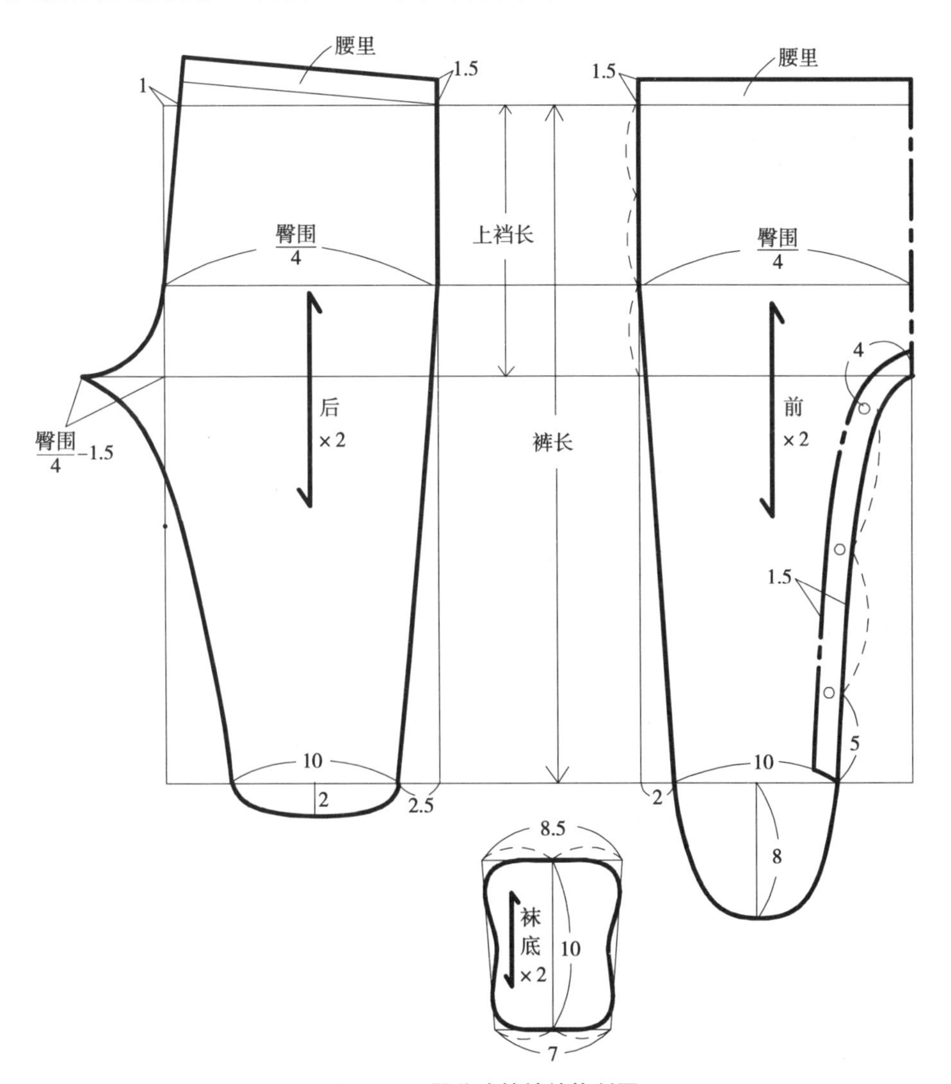

图 2-28　婴儿连袜裤结构制图

第四节　婴儿连体装设计与结构制图

一、夏季连体装

婴儿怕腹部着凉，尤其大龄婴儿学会了爬行，双腿爬行时裤子容易往后脱，因此连体裤可以使服装穿着更工整，防止腰腹部裸露。连体装的腰部在设计也使婴儿穿着更宽松舒适，避免裤装的腰部松紧带勒着肚子。夏季无裤腿式包裆连体衣还便于纸尿片的使用，纸尿片比纸尿裤更轻薄，夏季更清爽，款式如图 2－29 所示。

1. **款式设计图**

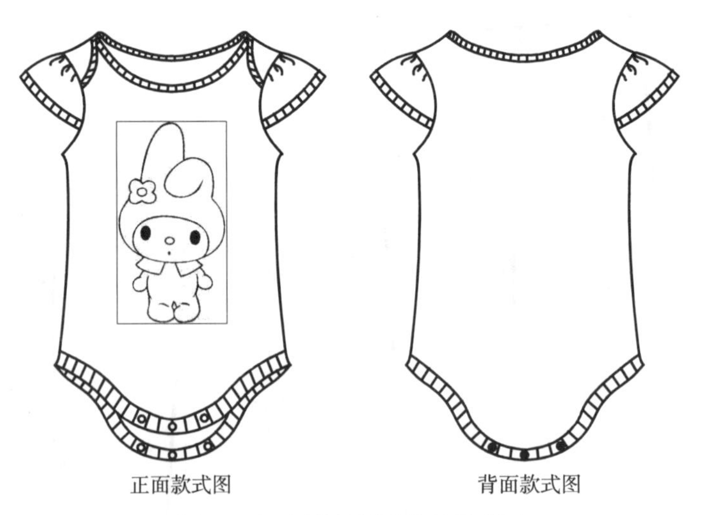

图 2－29　婴儿夏季连体装款式图

2. **结构尺寸表**

婴儿夏季连体装结构尺寸见表 2－6，适合 3～12 个月婴儿穿着。

表 2－6　婴儿夏季连体装结构尺寸表　　单位：cm

身高	衣长	上裆长	胸围	臀围	肩宽	领围	袖窿深	袖长
59	36	17	52	55	20	29.5	10.5	4.5
66	39	18	54	57	21	30	11	5
73	42	19	56	59	22	31	11.5	5.5
80	45	20	58	61	23	32	12	6

注：此款式为包裆设计，考虑穿着的舒适性，上裆长数值比一般款式的上裆长数值增大 2 cm。

3. 结构制图

婴儿夏季连体装结构制图以身高 80 cm 婴儿为例，如图 2－30、图 2－31 所示。

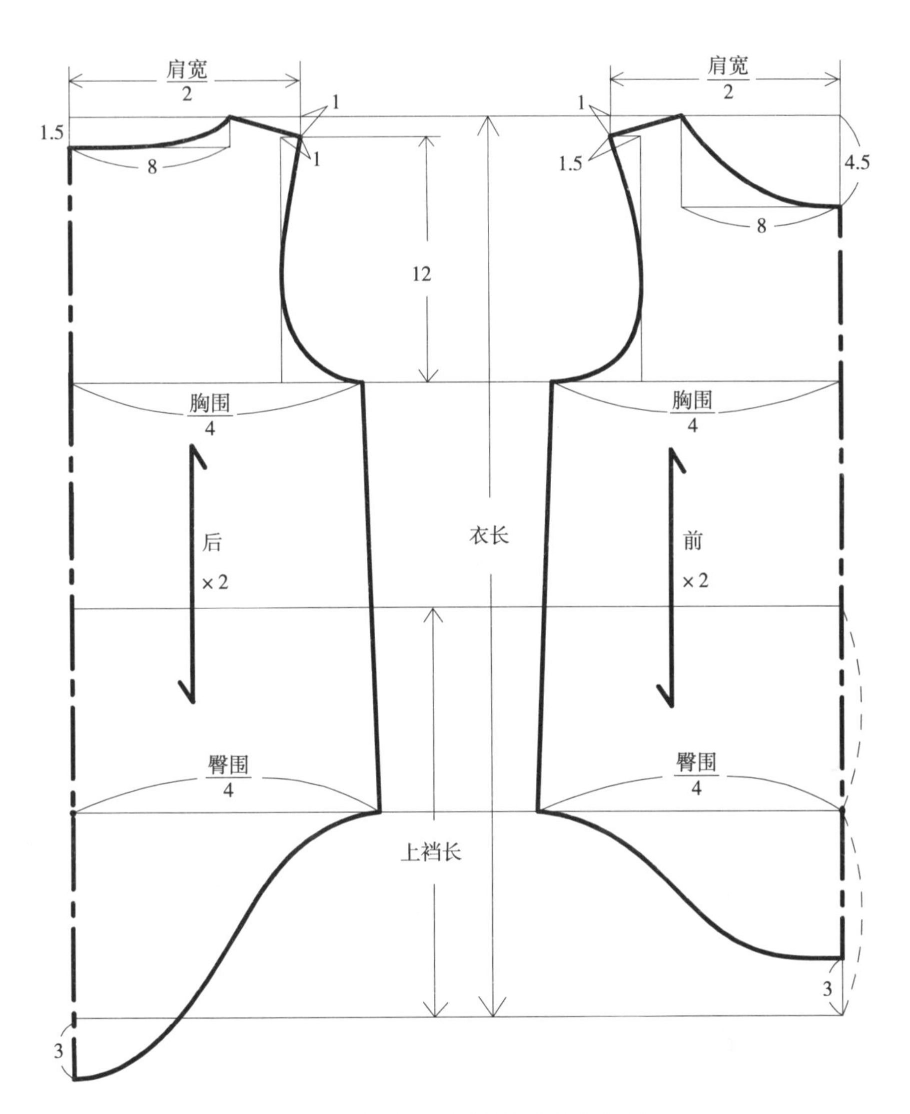

图 2－30　婴儿夏季连体装衣片结构制图

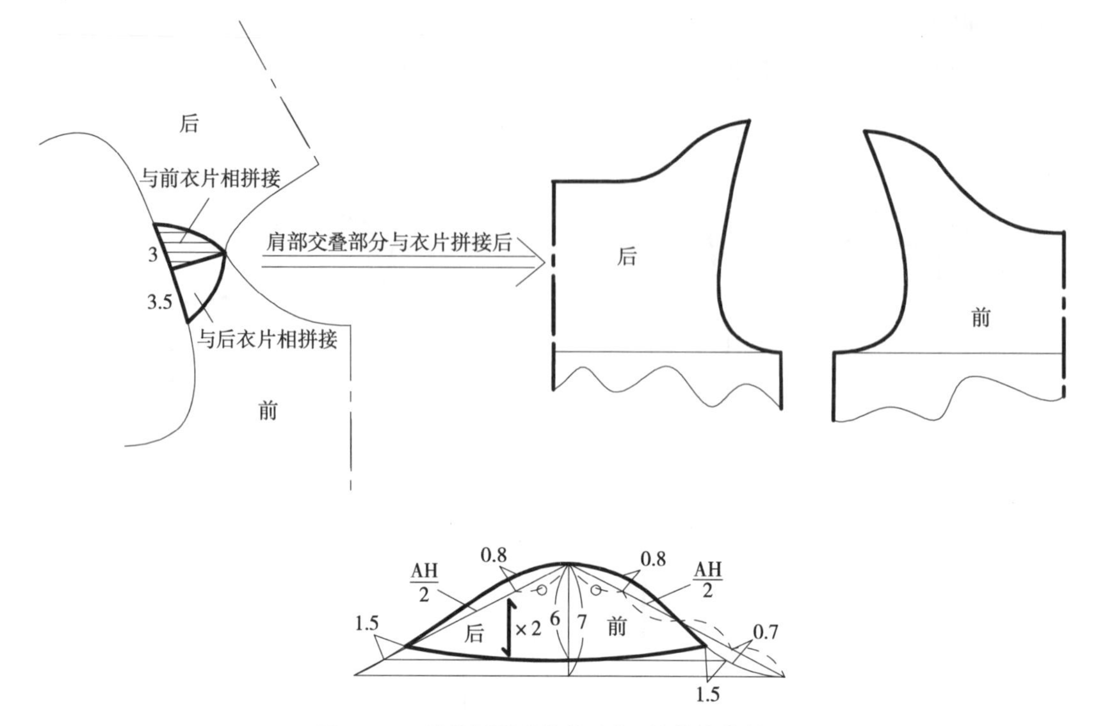

图 2-31　婴儿夏季连体装肩部、袖片结构制图

二、冬季连体装

冬季连体装也能够使腰部更保暖、宽松、舒适，款式如图 2-32 所示。

1. **款式设计图**

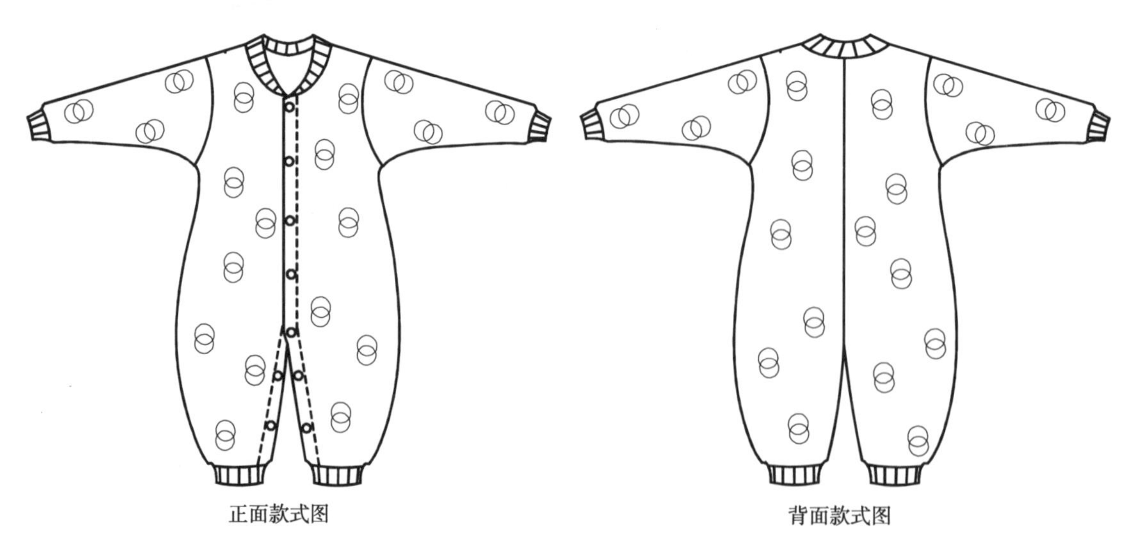

图 2-32　婴儿冬季连体装款式图

2. 结构尺寸表

婴儿冬季连体装结构尺寸见表 2－7，适合 3～12 个月婴儿穿着，也可设计更大的尺寸给幼儿穿着。

表 2－7　婴儿冬季连体装结构尺寸表　　　　单位：cm

身高	衣长	下裆长	胸围	臀围	肩宽	领围	袖长	袖口围	裤口围
59	49	17	60	70	22	29.5	19.5	19.5	23.5
66	55	20	62	70	23	30	21	20	24
73	61	23	64	73	24.4	31	22.5	20.5	24.5
80	68	26	66	76	26	32	24	21.5	25.5

注：表中数据均为上罗纹口之前的尺寸。

3. 结构制图

婴儿冬季连体装结构制图以身高 66 cm 婴儿为例，如图 2－33、图 2－34 所示。

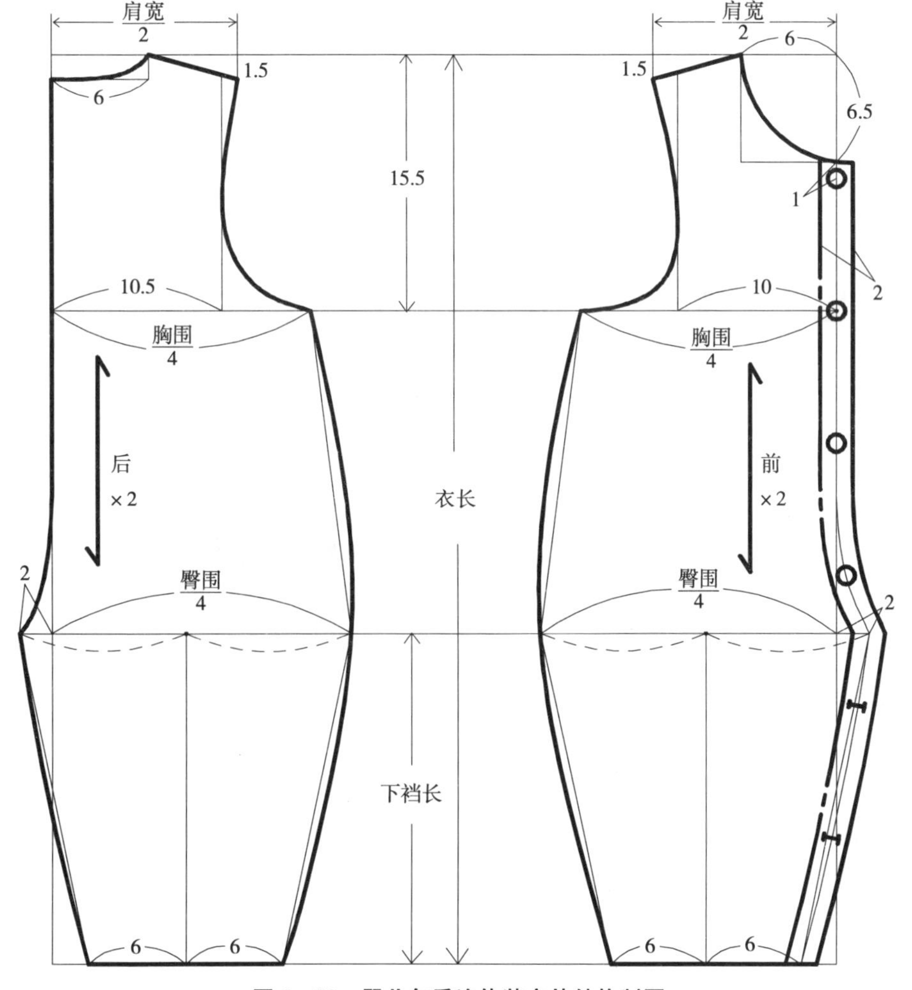

图 2－33　婴儿冬季连体装衣片结构制图

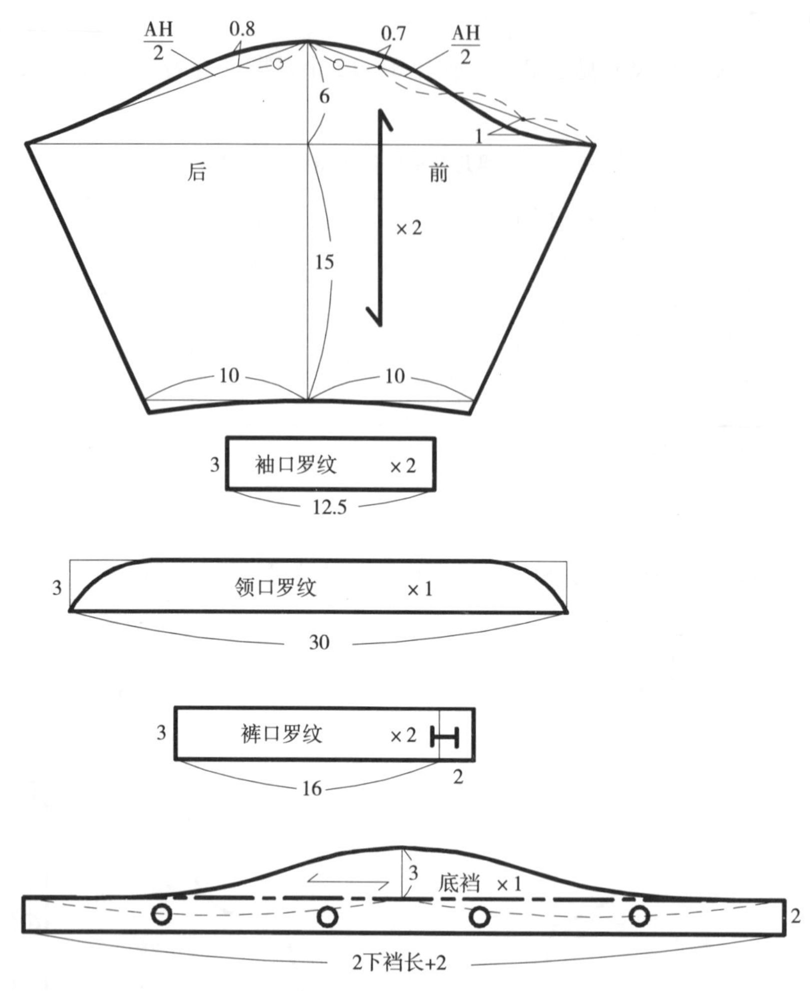

图 2-34 婴儿冬季连体装袖片及其他零部件结构制图

第五节 其他婴儿装款式设计与结构制图

一、肚兜

围住前身，防止婴儿腹部着凉。冬天可穿在里面保暖，夏天可直接穿外面，非常适合婴儿阶段穿着。6 月龄左右，婴儿开始会爬之后，适合穿连腿的肚兜（可参考图 2-1 中的款式），防止肚兜爬行时下摆下垂而不贴身，不连腿的肚兜款式如图 2-35 所示。

1. **款式设计图**

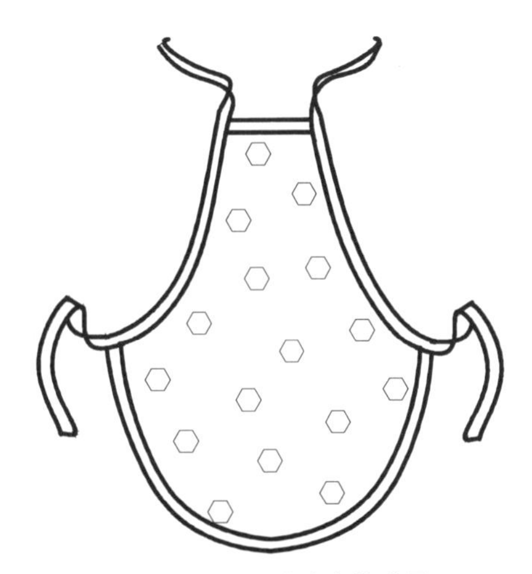

图 2 - 35　婴儿肚兜款式图

2. **结构尺寸表**

婴儿肚兜的结构尺寸见表 2 - 8,适合于 0～6 个月婴儿穿着。

表 2 - 8　婴儿肚兜结构尺寸表　　单位：cm

身高	衣长	胸宽	腹宽
52	28	9	26
59	30	10	28
66	32	11	30

3. **结构制图**

婴儿肚兜结构制图以身高 59 cm 婴儿为例,如图 2 - 36 所示。

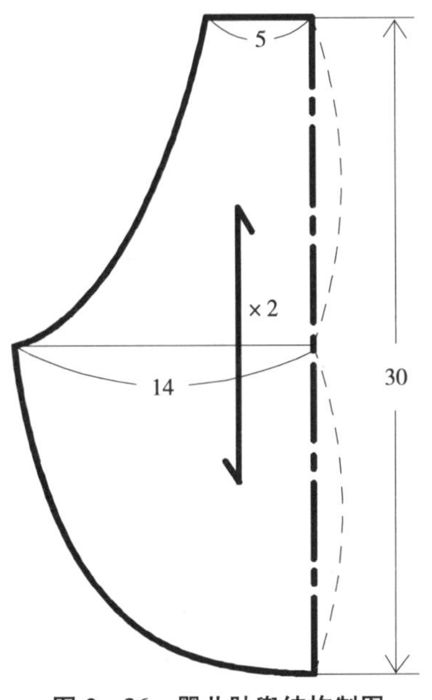

图 2 - 36　婴儿肚兜结构制图

二、睡袋

睡袋主要用于冬季夜间睡觉保暖使用，也可用于外出时防风保暖。婴儿开始学习爬行、学走路开始，睡觉就易踢被子，睡袋此时就非常实用，款式如图 2－37 所示。

1. **款式设计图**

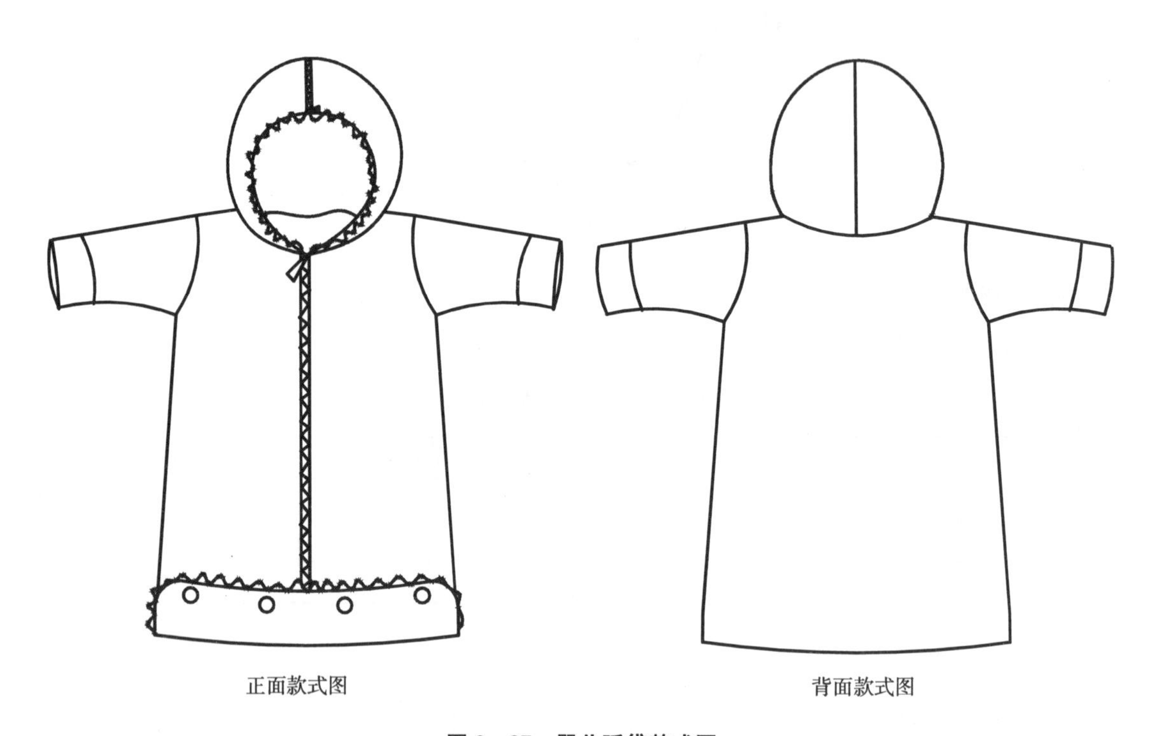

图 2－37　婴儿睡袋款式图

2. **结构尺寸表**

婴儿睡袋结构尺寸见表 2－9，适合 6～15 个月婴幼儿穿着。

表 2－9　婴儿睡袋结构尺寸表　　单位：cm

身高	衣长	胸围	肩宽	领围	袖长	袖口围
66	73	62	23	27	22	19
73	79	64	24	28	24	20
80	85	66	25	29	26	21
90	93	69	26.5	30	28	22

3. **结构制图**

婴儿睡袋结构制图以身高 80 cm 婴儿为例，如图 2－38～图 2－41 所示。

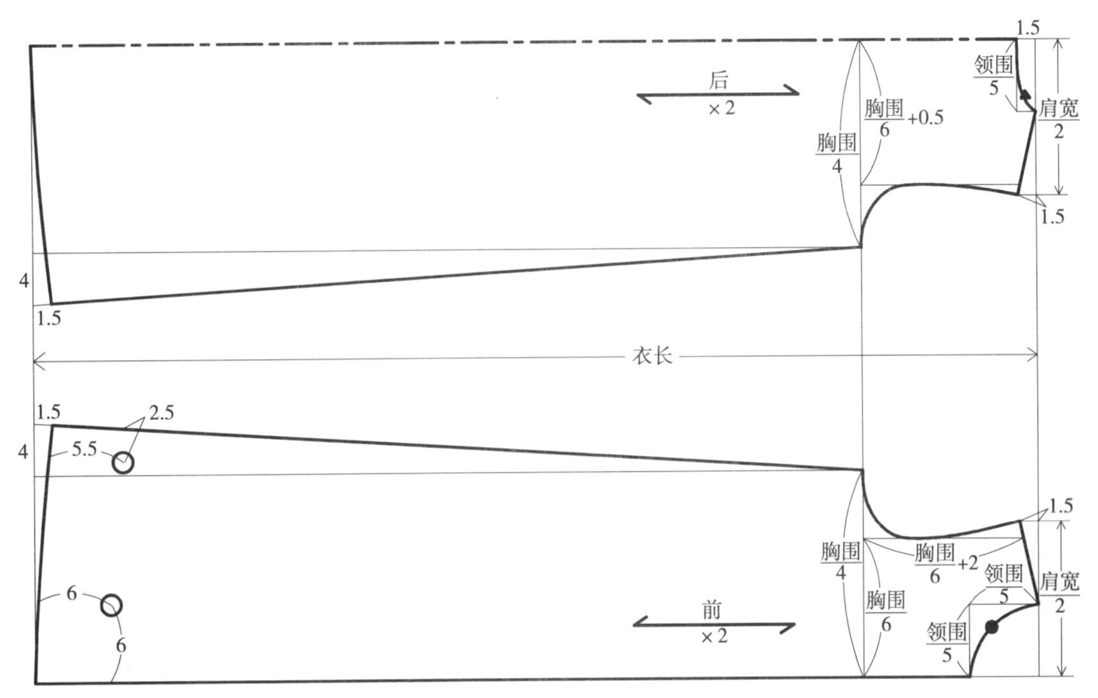

图 2－38　婴儿睡袋衣片结构制图

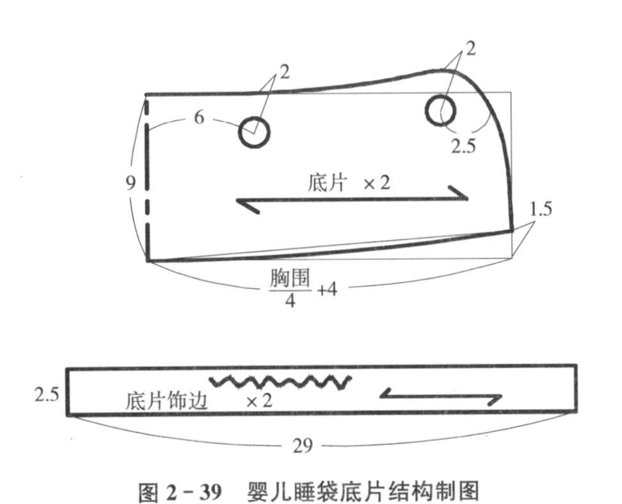

图 2－39　婴儿睡袋底片结构制图

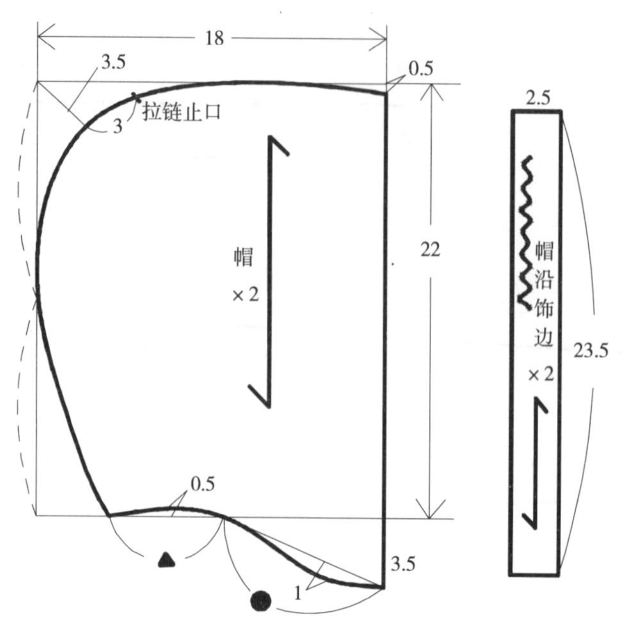

图 2-40　婴儿睡袋帽片结构制图

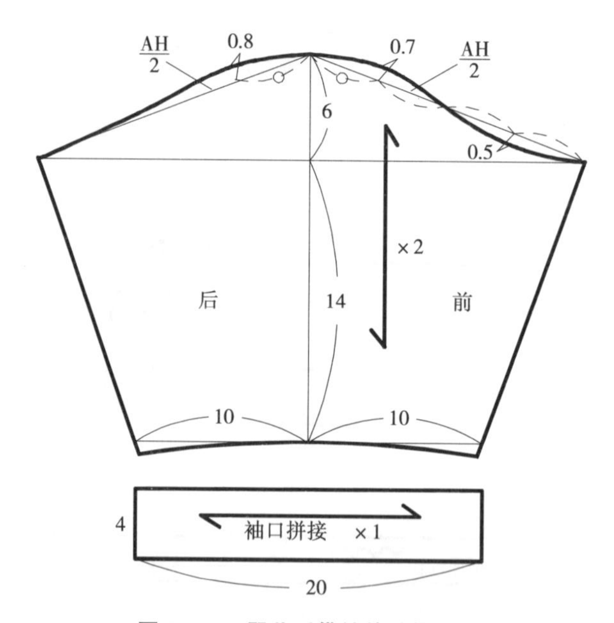

图 2-41　婴儿睡袋袖片结构制图

三、围嘴

围嘴对于婴儿很实用，婴儿喝奶、呕奶、流口水、喂食时，能有效地保护衣服不被弄脏，款式如图 2-42 所示。

1. **款式设计图**

图 2-42　婴儿围嘴款式图

2. **结构尺寸表**

婴儿围嘴结构尺寸见表 2-10，适合 0～12 个月婴儿穿着。

表 2-10　婴儿围嘴结构尺寸表　　单位：cm

身高	围嘴前长	围嘴前宽	领深	领宽	肩宽
52	14	18	5	5	2.5
66	15	20	5	5	2.5
80	17	22	5.5	5.5	3

3. **结构制图**

婴儿围嘴结构制图以身高 66 cm 婴儿为例，如图 2-43 所示。

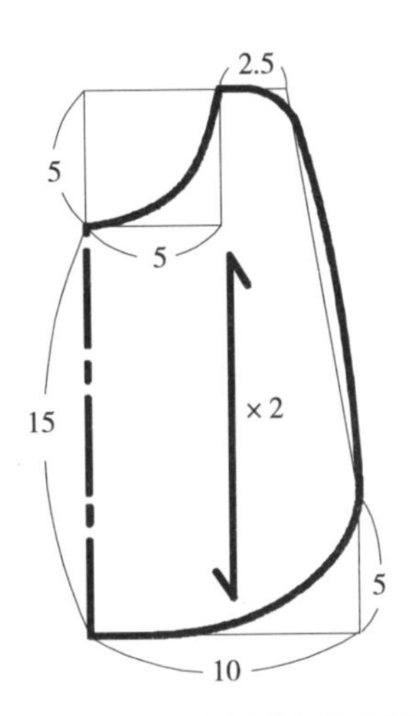

图 2-43　婴儿围嘴结构制图

本章小结

- 婴儿装设计的要素，包括款式、色彩、材料、饰物、声音的设计与应用。
- 婴儿上装中和尚衣、春秋外衣的设计与结构制图。
- 婴儿裤装中开裆裤、一片式裤、连袜裤的设计与结构制图。
- 婴儿连体装中夏季连体装、冬季连体装的设计与结构制图。
- 婴儿其他服装中肚兜、睡袋、围嘴的设计与结构制图。

作业

1. 调研和总结婴儿装设计要注意哪些要素。
2. 完成至少三款不同类型的婴儿上装的设计与结构制图。
3. 完成至少三款不同类型的婴儿裤装的设计与结构制图。
4. 完成至少三款不同类型的婴儿连体装的设计与结构制图。
5. 熟悉和完成婴儿其他服装的设计与结构制图。

第三章　幼儿装设计与结构制图

知识点

- ◆ 幼儿装设计要素
- ◆ 幼儿上装设计与结构制图
- ◆ 幼儿裙装设计与结构制图
- ◆ 幼儿裤装设计与结构制图

◎ 教学目标：

1. 掌握幼儿装的设计要素；
2. 掌握幼儿上装常见款式的设计与结构制图；
3. 掌握幼儿裙装常见款式的设计与结构制图；
4. 掌握幼儿裤装常见款式的设计与结构制图。

◎ 教学重点：

常见幼儿服装的款式设计与结构制图。

◎ 教学方法：

1. 引入法：如引入生活中大家见过的幼儿服装来讲解款式设计与结构制图；
2. 讲授法与演示法相结合：如讲授演示各种幼儿装的款式设计与结构制图；
3. 实践法：如学生自己做制图练习。

第一节　幼儿装设计要素

一、款式

本书幼儿装以2～5岁幼儿服装为例。上小学之前的幼儿，生活处于半自理状态，且活泼好动。幼儿装不仅要考虑到款式的美观，更要兼顾幼儿的生理特征及成长状况。运动休闲的设计元素最能够体现幼儿活泼可爱、轻松自如的天性，也最适合幼儿对舒适性的需要以及在运动中健康成长的生理特性，款式如图3-1。服装外造型中，可以多考虑A造型和H造型，宽

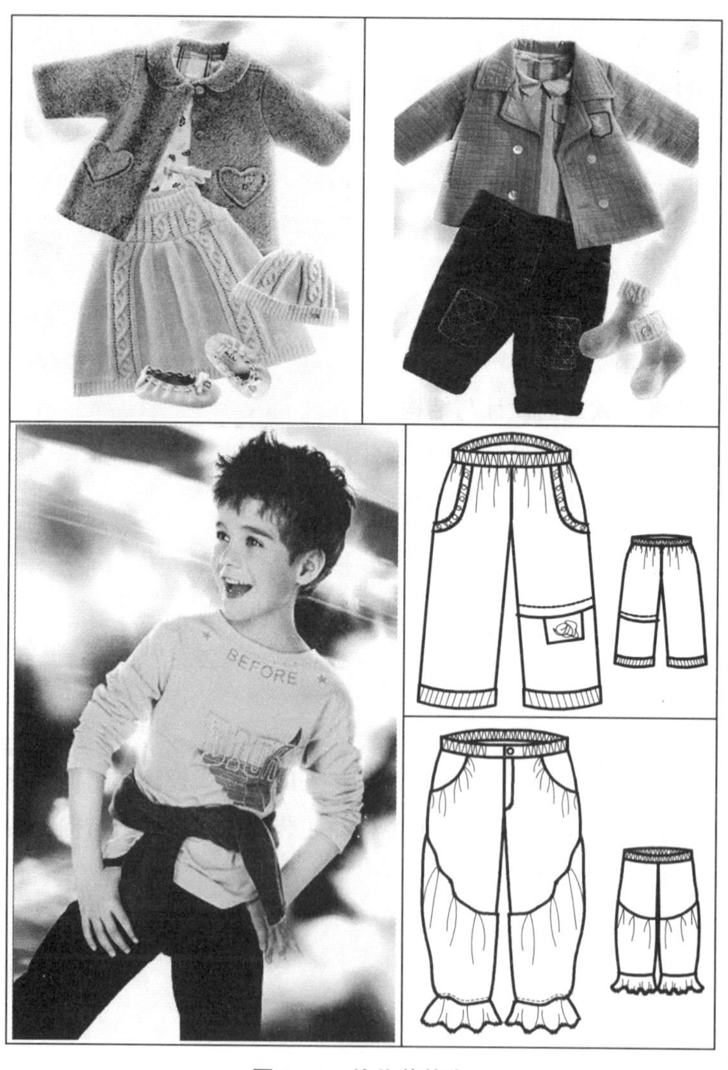

图3-1　幼儿装款式

松舒适。由于儿童身体尚未发育完全，腰部曲线不明显，因此腰部的松紧带若过松，裤子或裙子易掉，若过紧，又会造成腰部压力过大，所以背带裙、背带裤的款式也不愧为理想的设计思路，虽然这一年龄段的孩子处于生活半自理状态，但通过前中开襟、裆下开襟的方式可以使背带裤在穿着中上厕所时更加方便，也更有利于培养孩子自己穿衣的习惯，款式如图 3-2 所示。

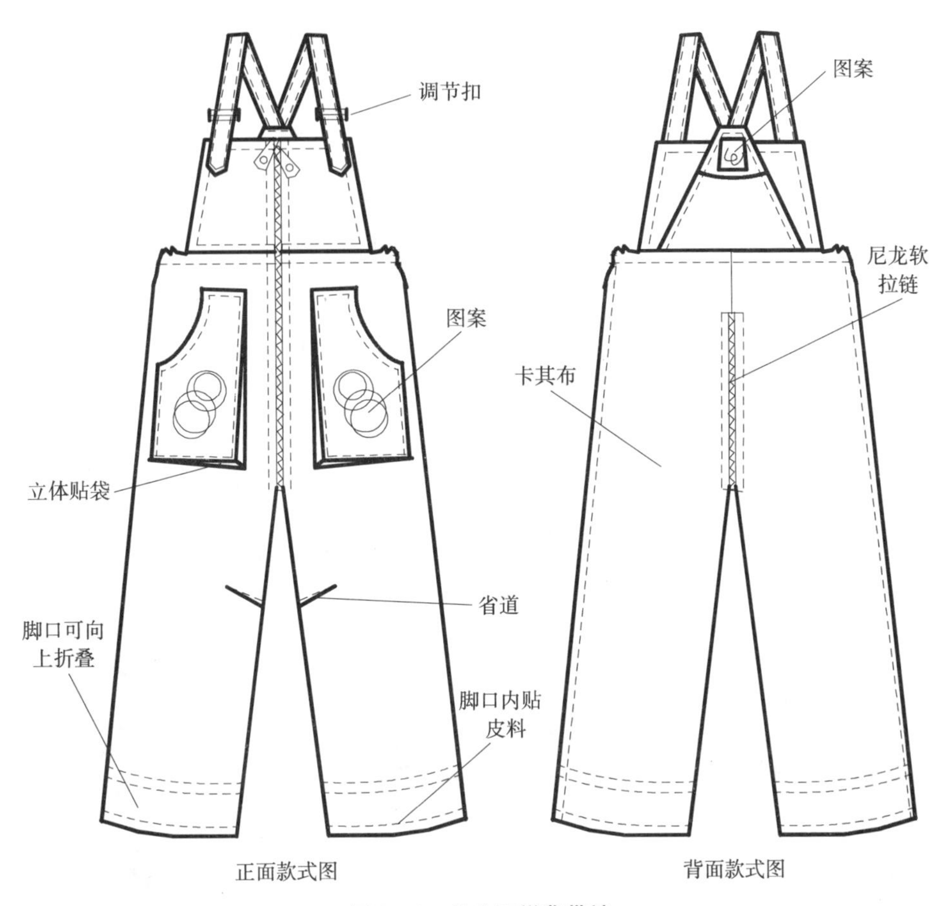

图 3-2　幼儿开襟背带裤

二、色彩与图案

由于儿童对色彩比较敏感，因此可采用鲜艳明快的色调，如黄色、橙色、绿色以及各种粉色系列。另外，受家长喜好的影响，也可采用一些比较素净的色彩，如黑色，既耐脏，又显大方；米色显得文静素雅，白色显得天真纯洁。在图案上可采用比较写真具体的各种动物图案、花卉图案、卡通图案、几何图案以及各种蕾丝、花边装饰等，一般避免抽象图案，常用图案如图 3-3 所示。

图 3-3　常用图案

三、面辅料

幼儿处于快速成长发育阶段，活泼好动，因此幼儿服装面辅料可选择那些柔软而又结实的面料，譬如优质纯棉卡其布，水洗的牛仔布，手感滑爽、柔软的平纹织物，弹力凹凸织物，柔软的纯棉灯芯绒，蜂窝结构的梭织花式斜纹布，轻薄的涤纶涂层布等，这些都是非常理想的幼儿装面料，如图 3－4～图 3－20 所示。

结构稳定、布面平坦、质地坚牢、表面光滑、保暖性透气性好的平纹织物，非常适合做衬衫、内衣、休闲服等。绒条圆润丰满、绒毛耐磨、质地厚实、手感柔软、保暖性好的灯芯绒(也叫条绒)很适合做秋冬外衣。灯芯绒除了纯棉的，也有和涤纶、腈纶、氨纶等纤维混纺或交织的，更加耐磨。厚实丰满、手感柔软、绒毛牢度好、弹性强、抗皱性好的摇粒绒可以做外套，裤子，背心等，也常用作秋冬厚重保暖的外套的里料。以针织结构为主的华富格，具有良好的弹性，且贴身一面柔软，吸湿透气，服用性能好，适宜做夏天的背心、T 恤衫。

辅料中要注意钮扣、拉链、装饰物是否牢固，对于拉链、钮扣、装饰物、永久性标识等，都应用手触摸一下，看看是否锋利，应尽量柔软，并缝在适当的部位。女幼童服装还可以用些漂亮的花边、绒线做装饰，当然，各种装饰物不宜太多，因为儿童爱活动，容易在繁杂的装饰物上粘灰尘，滋生细菌。

图 3－4　弹力条纹针织布

图 3－5　双面针织布

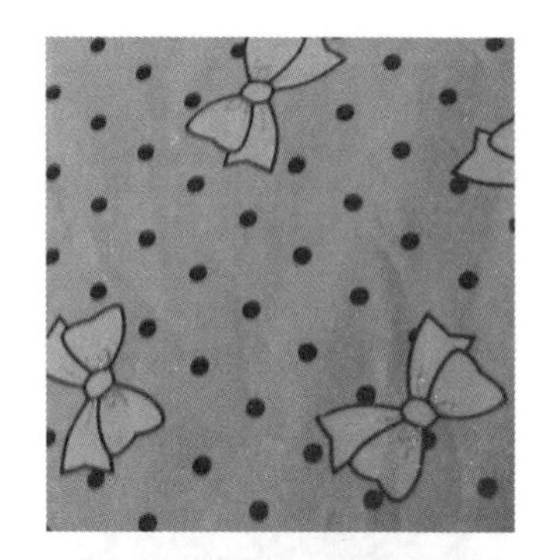

图 3－6　涤纶涂层印花布

图 3－7　细平布

图 3－8　格子布

图 3－9　纯棉印花布

图 3－10　平纹色织布

图 3－11　人字斜纹纱卡

图 3－12　斜纹磨毛纱卡

图 3－13　灯芯绒(正面)

图 3－14　灯芯绒(背面)

图 3－15　摇粒绒

图 3－16　普通牛仔原布

图 3－17　水洗牛仔布

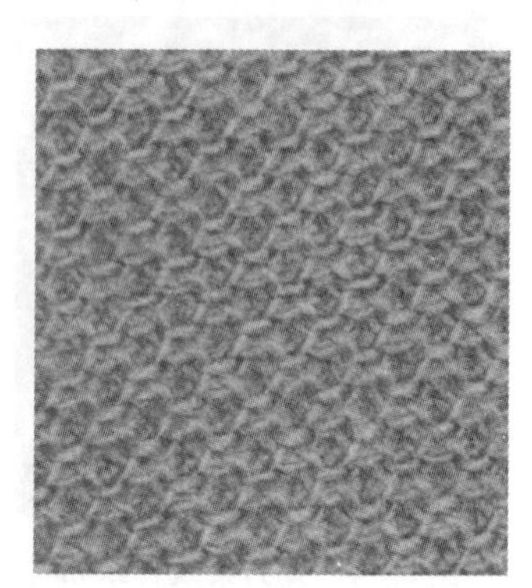

图 3－18　华富格

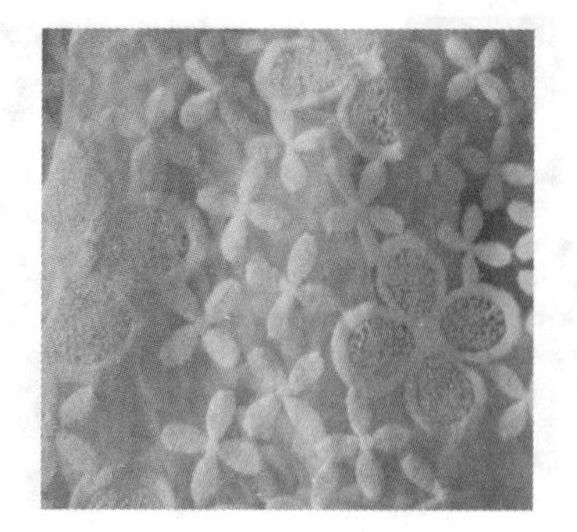

图 3－19　花边

图 3－20　绒线

四、服装宽松量

幼儿期儿童活泼好动，跑来跑去，四肢的活动摆度都比较大，因此服装宽松量也是幼儿服装设计的要素之一。服装舒适性与服装宽松量密切相关，宽松量设计合理可以给肢体活动提供舒适的空间，避免儿童在活动过程中造成服装压迫人体而引起不适。过于紧身的服装不仅影响幼儿活动，严重的还会影响其内脏器官的发育。另外，由于幼儿的身体处于快速成长阶段，体型变化大，现在买的合体服装可能过不了多久就太小了，为了满足童装有一定的穿着时间跨度，加入较大的松量也是有必要的。

第二节　幼儿上装设计与结构制图

一、三节褶式上衣

此款式采用薄弹力牛仔面料制作，也可采用棉质雪纺面料。节与节分割线中再加入花边做装饰，不同节也可采用不同的颜色、纹样，款式如图 3-21 所示。

1. 款式设计图

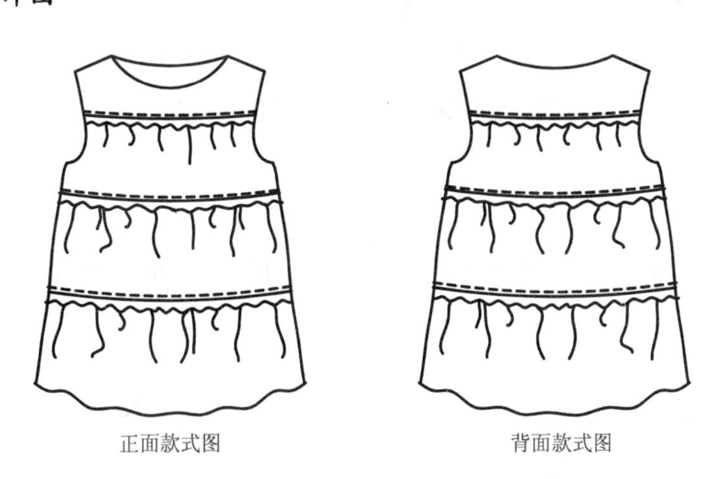

图 3-21　幼儿三节褶式上衣款式图

2. 结构尺寸表

幼儿三节褶式上衣结构尺寸见表 3-1，适合 1～5 岁幼儿穿着。

表 3-1　幼儿三节褶式上衣结构尺寸表　　单位：cm

身高	衣长	胸围	肩宽	领宽	前领深	袖窿深
80	32	56	20	7.6	5.1	12
90	35	59	21	7.8	5.3	12.5
100	38	62	22	8	5.5	13
110	41	65	23	8.2	5.7	13.5

3. **结构制图**

幼儿三节褶式上衣结构制图以身高 100 cm 幼儿为例，如图 3-22 所示。

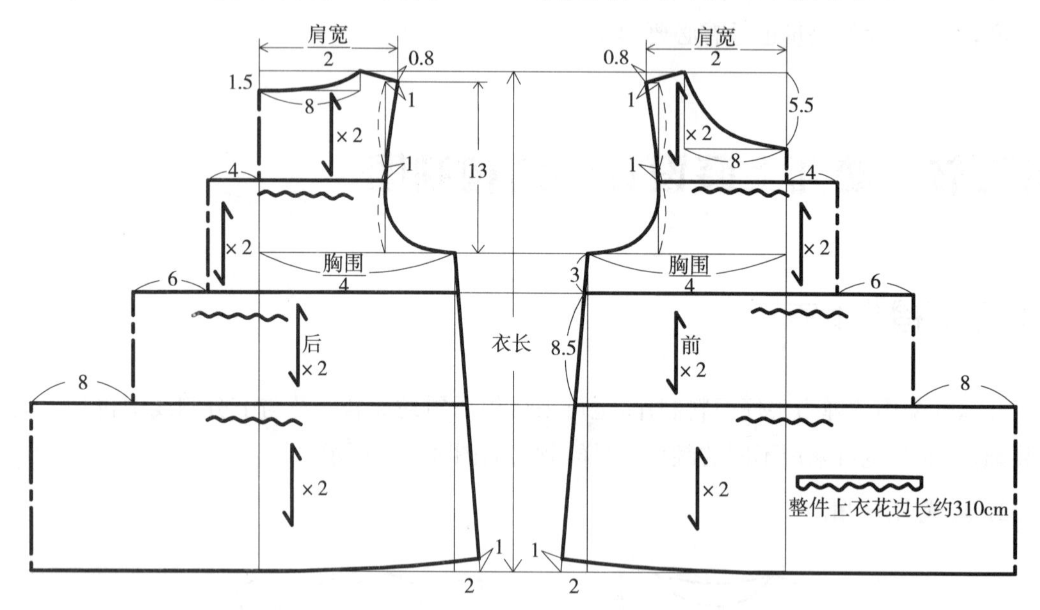

图 3-22　幼儿三节褶式上衣结构制图

二、T 恤

采用针织面料，薄面料可在夏秋转凉季节穿，也可用针织厚面料，更保暖，款式如图 3-23 所示。

1. **款式设计图**

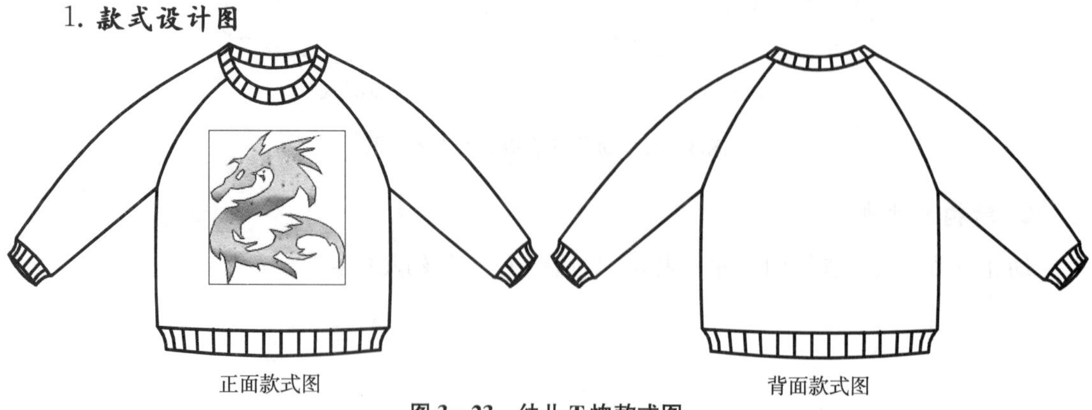

图 3-23　幼儿 T 恤款式图

2. 结构尺寸表

幼儿T恤结构尺寸见表3-2，适合2～5岁幼儿穿着。

表3-2　幼儿T恤结构尺寸表

单位：cm

身高	衣长	胸围	肩宽	领围	袖窿深	袖长	袖口宽
90	36	58	24	30	13	26	9
100	40	62	25	31	14	29	9.5
110	44	66	27	32	15	32	10

3. 结构制图

幼儿T恤结构制图以身高100 cm幼儿为例，如图3-24所示。

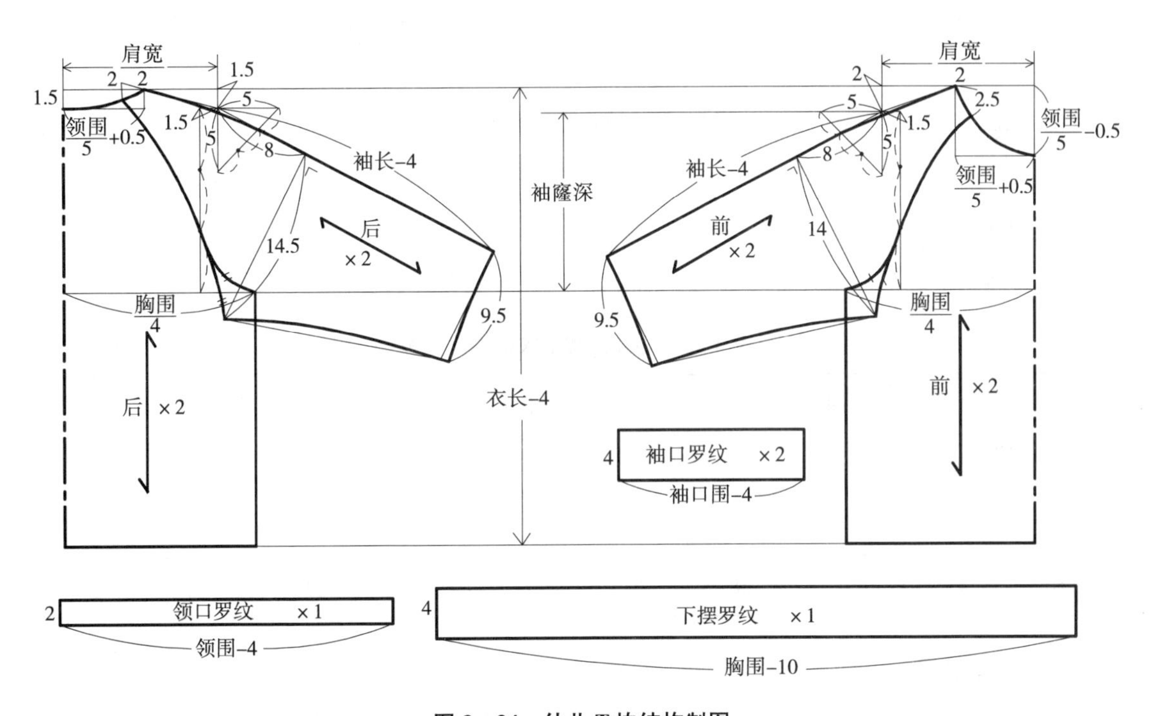

图3-24　幼儿T恤结构制图

三、外套上衣

此外套上衣采用A造型，连帽。前胸抽褶，后背装有蝴蝶结。冬季外套的外层面料可用针织布，也可用灯芯绒或者尼龙涂层面料等，里布可用针织布，中间夹棉。如果设计成春秋外衣，则中间不夹棉。款式如图3-25所示。

1. 款式设计图

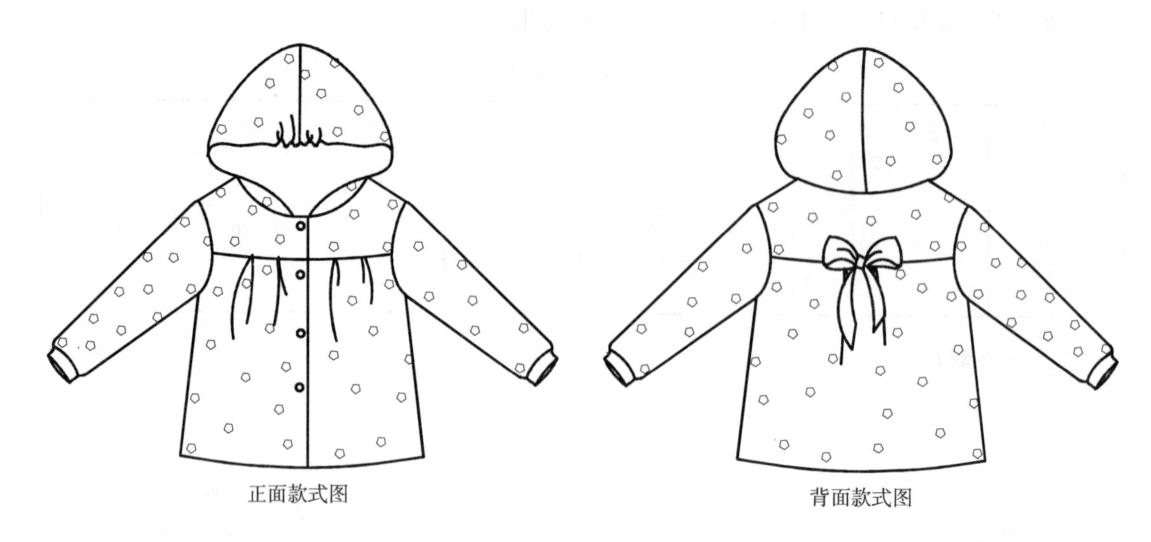

图 3-25　幼儿外套上衣款式图

2. 结构尺寸表

幼儿外套上衣的结构尺寸见表 3-3，适合 2～5 岁幼儿穿着。

表 3-3　幼儿外套上衣结构尺寸表

单位：cm

身高	衣长	胸围	肩宽	领围	袖窿深	袖长	袖口宽	帽高	帽宽
90	37	58	26	35	15	31	10.5	27	21
100	41	62	27	36	16	34	11	27.5	21.5
110	45	66	28	37	17	37	11.5	28	22

3. 结构制图

幼儿外套上衣结构制图以身高 110 cm 幼儿为例，如图 3-26～图 3-28 所示。

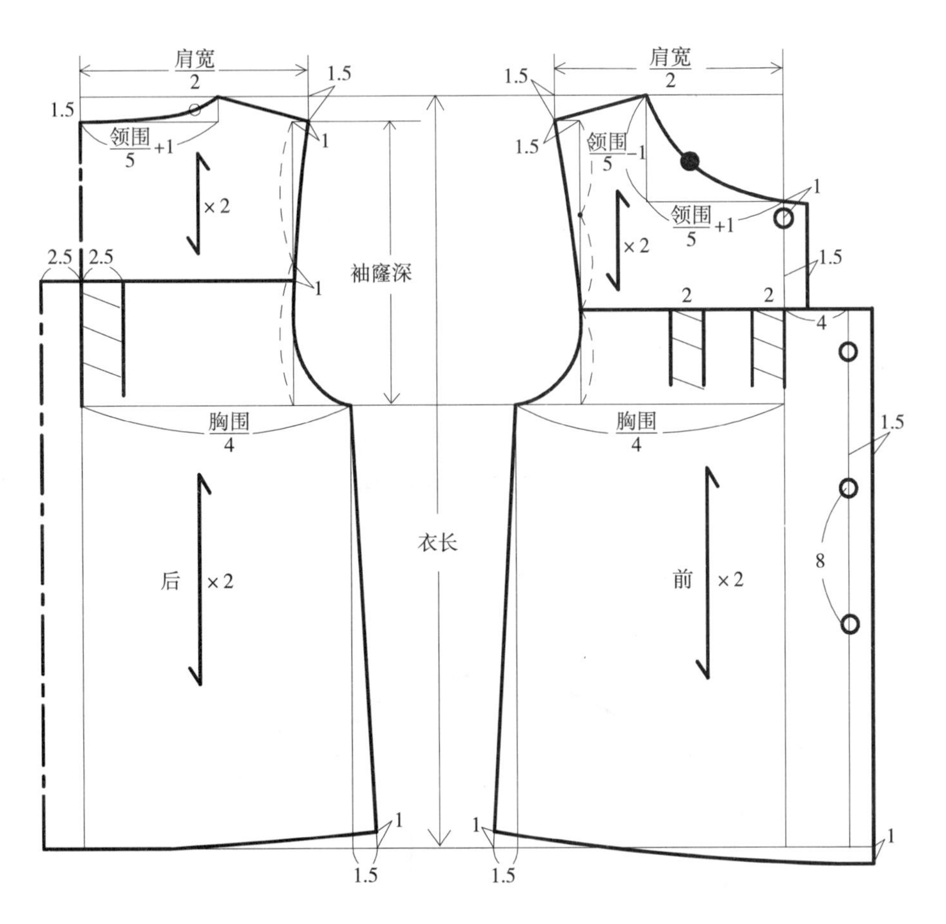

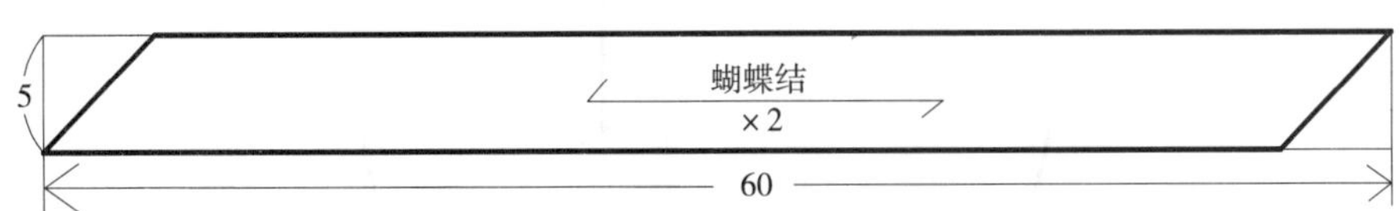

图 3-26　幼儿外套上衣衣片结构制图

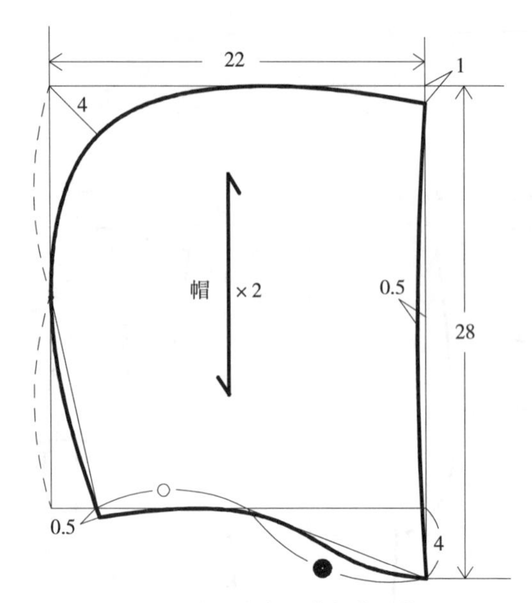

图 3－27　幼儿外套上衣帽片结构制图

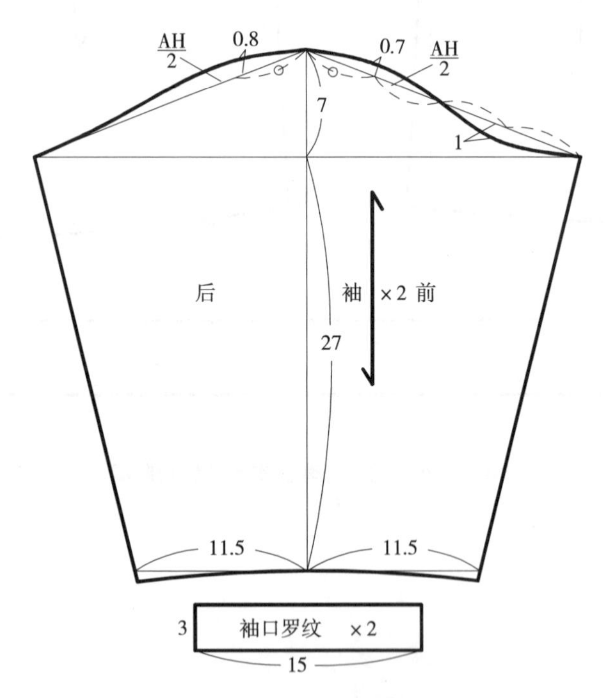

图 3－28　幼儿外套上衣袖片结构制图

第三节　幼儿裙装设计与结构制图

一、吊带裙

此款式为吊带连衣裙，上衣、下裙分开裁剪，腰部系蝴蝶结。上衣也可加层薄棉面料，增强服装的舒适性，同时也使服装更不容易变形，款式如图 3－29 所示。

1. 款式设计图

图 3－29　幼儿吊带裙款式图

2. 结构尺寸表

幼儿吊带裙结构尺寸见表 3－4，适合 2～5 岁幼儿穿着。

表 3－4　幼儿吊带裙结构尺寸表　　单位：cm

身高	裙长	腰节长	胸围	领宽	前领深	袖窿深
90	48	20	50	7.8	5.3	12.5
100	54	22	54	8	5.5	13
110	60	24	58	8.2	5.7	13.5

3. 结构制图

幼儿吊带裙结构制图以身高 100 cm 幼儿为例，如图 3－30、图 3－31 所示。

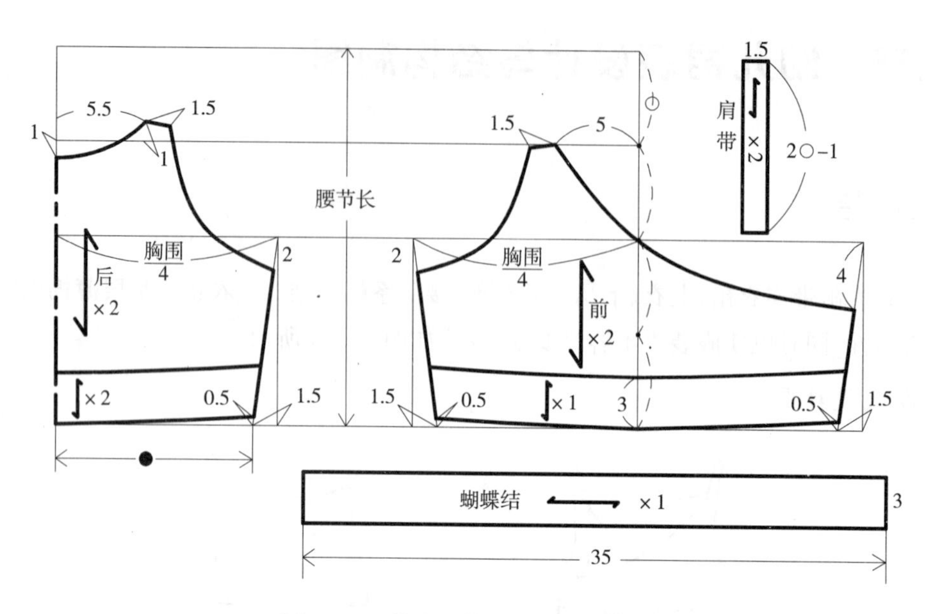

图 3-30　幼儿吊带裙衣片结构制图

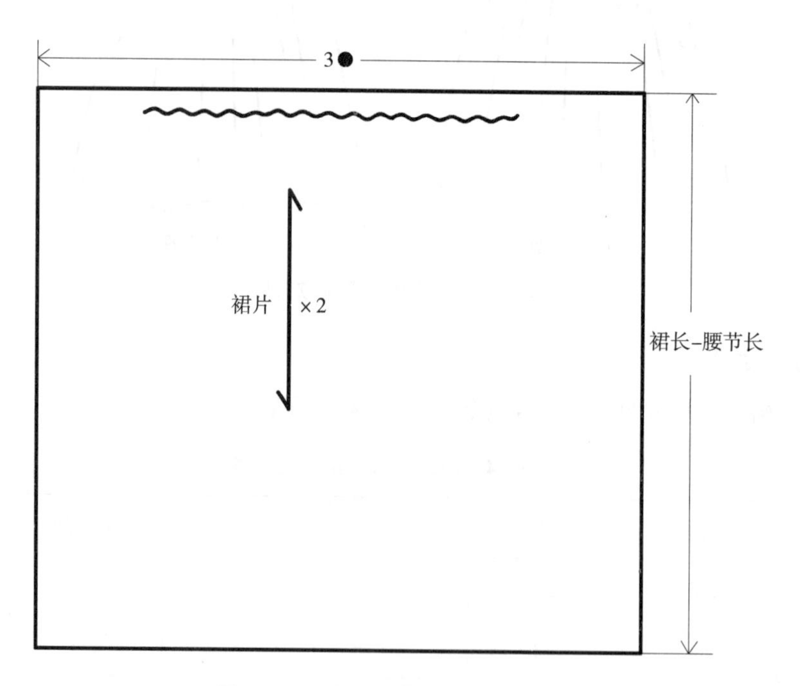

图 3-31　幼儿吊带裙裙片结构制图

二、短袖连衣裙

此款式采用印花纯棉面料，翻折领，泡泡短袖，前门襟，腰部带子系成蝴蝶结，款式如图3－32所示。

1. 款式设计图

图3－32　幼儿短袖连衣裙款式图

2. 结构尺寸表

幼儿短袖连衣裙结构尺寸见表3－5，适合2～5岁幼儿穿着。

表3－5　幼儿短袖连衣裙结构尺寸表　　单位：cm

身高	裙长	腰节长	胸围	肩宽	领围	袖窿深	袖长	袖口宽
90	48	22	62	24	36	13	12	10
100	52	24	66	25	37	14	13	11
110	56	26	70	27	38	15	14	12

3. 结构制图

幼儿短袖连衣裙结构制图以身高100 cm幼儿为例，如图3－33、图3－34所示。

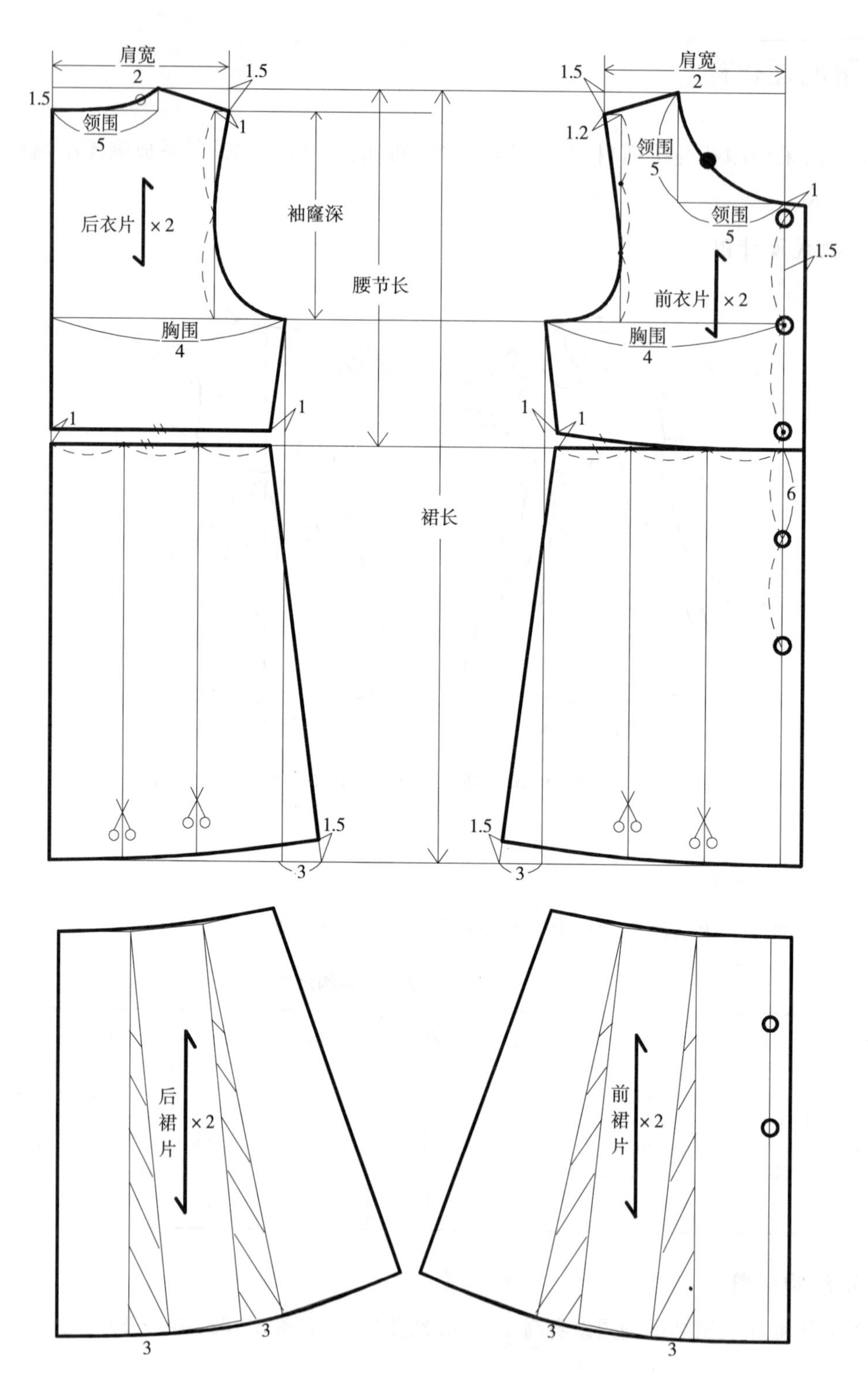

图 3-33　幼儿短袖连衣裙衣片、裙片结构制图

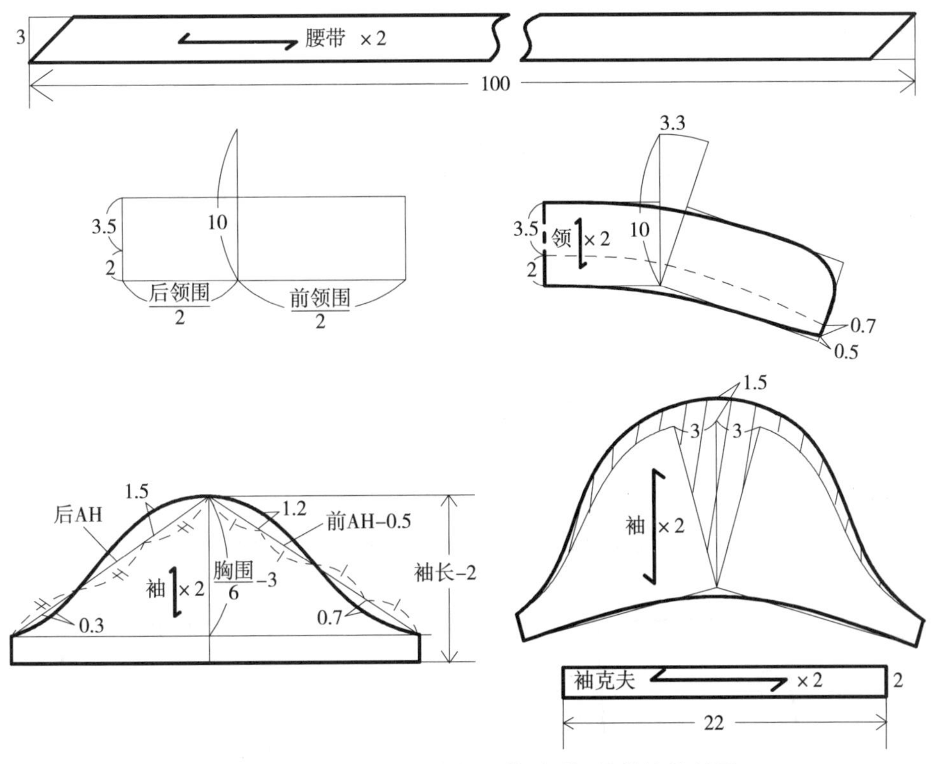

图 3-34　幼儿短袖连衣裙腰带、领片、袖片结构制图

第四节　幼儿裤装设计与结构制图

一、针织裤

此款式采用针织面料制作，柔软舒适，款式如图 3-35 所示。

1. 款式设计图

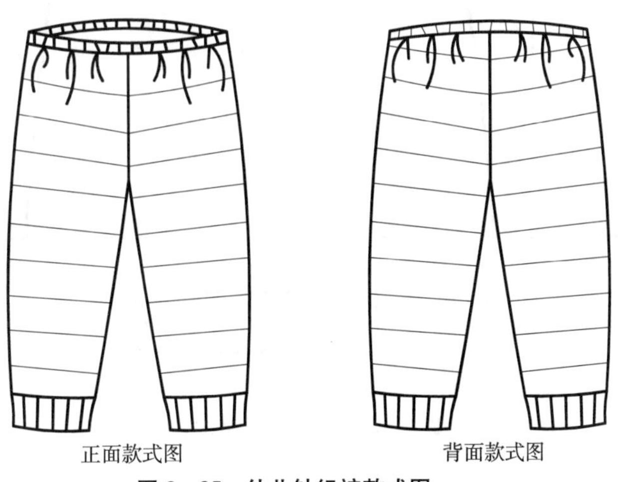

图 3-35　幼儿针织裤款式图

2. 结构尺寸表

幼儿针织裤结构尺寸见表 3-6,适合 1~5 岁幼儿穿着。

表 3-6　幼儿针织裤结构尺寸表

单位：cm

身高	裤长	臀围	腰围	上裆长	裤口宽
80	40	47	39	18	9
90	46	52	42	19	9.5
100	52	57	45	20	10
110	58	62	48	21	10.5

注:腰围均指加入松紧带之后的成品尺寸,下同。

3. 结构制图

幼儿针织裤结构制图以身高 100 cm 幼儿为例,如图 3-36 所示。

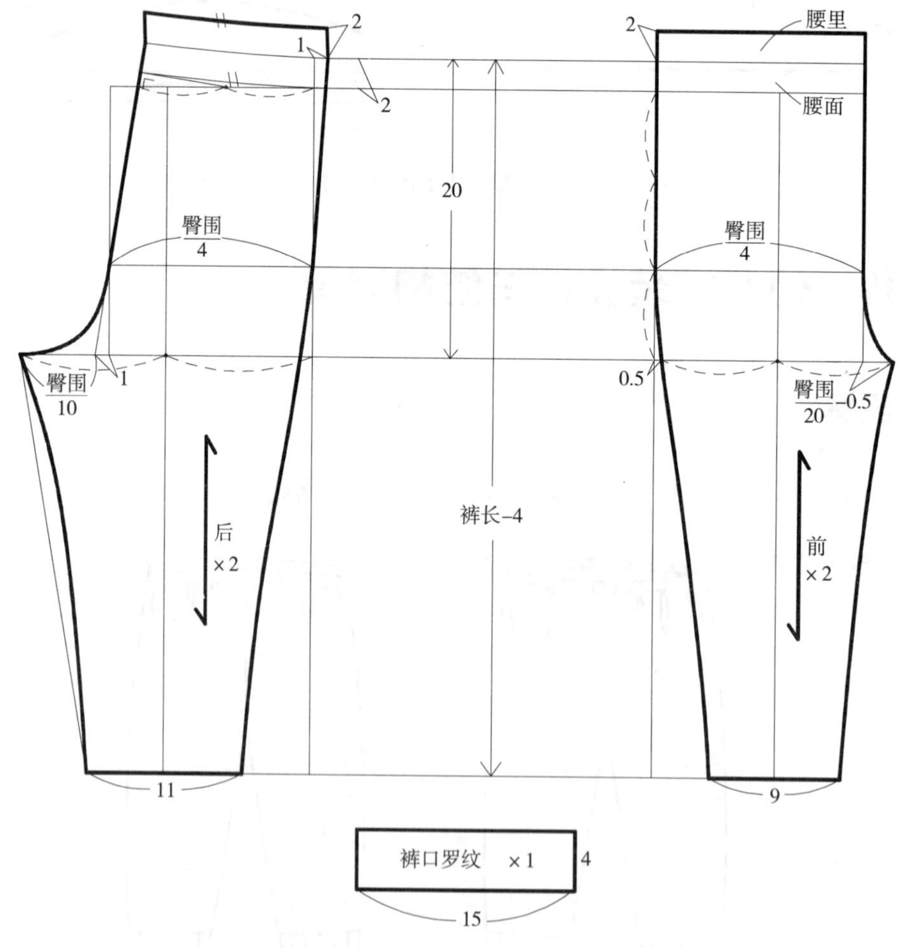

图 3-36　幼儿针织裤结构制图

二、褶裤

此款式可采用薄型的天鹅绒、灯芯绒、弹力牛仔布等面料或者针织面料，宽松舒适，裤口开衩装克夫。男童、女童均可穿着，色彩、装饰图案可按需设计，款式如图 3－37 所示。

1. 款式设计图

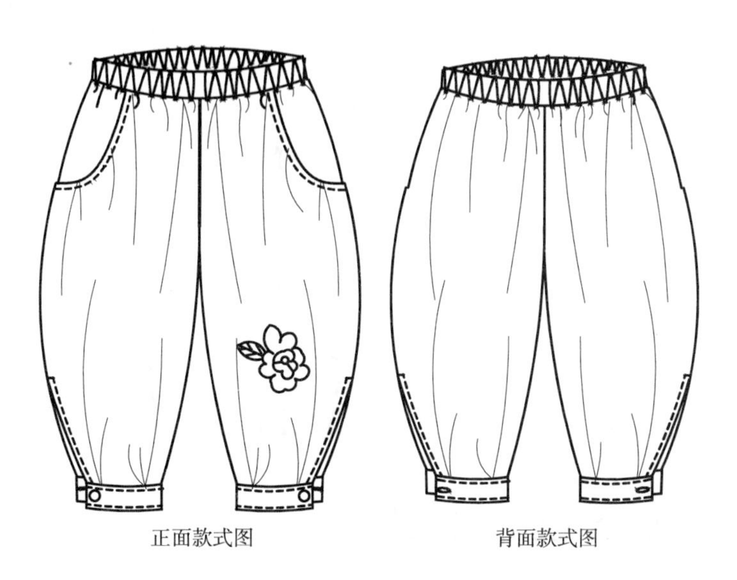

图 3－37　幼儿褶裤款式图

2. 结构尺寸表

幼儿褶裤结构尺寸见表 3－7，适合 1～5 岁幼儿穿着。

表 3－7　幼儿褶裤结构尺寸表　　单位：cm

身高	裤长	臀围	腰围	上裆长	裤口宽
80	40	57	39	19	9
90	46	62	42	20	9.5
100	52	67	45	21	10
110	58	72	48	22	10.5

3. 结构制图

幼儿褶裤结构制图以身高 100 cm 幼儿为例，如图 3－38 所示。

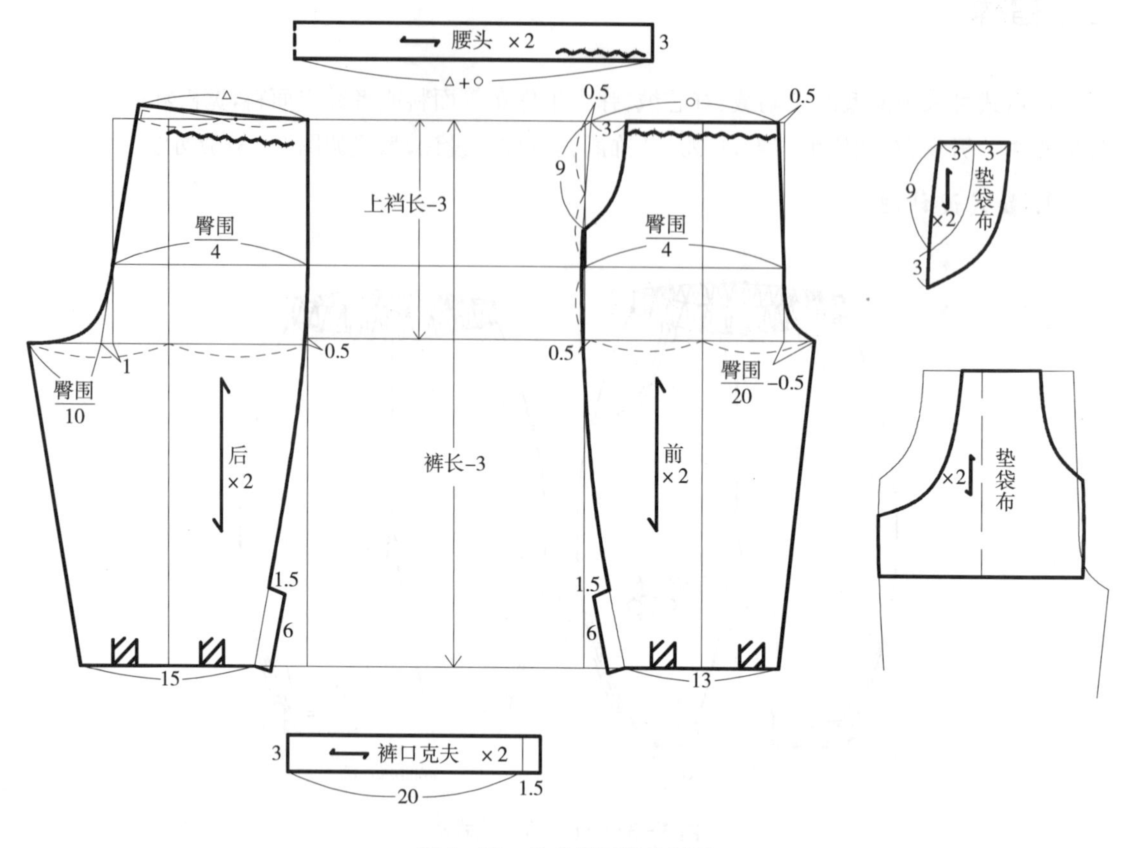

图 3-38 幼儿褶裤结构制图

三、背带短裤

可采用印花斜纹磨毛纱卡面料。款式时尚、可爱，而且背带裤可防止幼儿腹部着凉，安全卫生，尤其适合 1～3 岁幼儿。腰部侧缝处开衩装里襟，钉扣子，方便穿脱。3～6 岁幼儿由于生活还处于半自理状态，且在幼儿园上学，无家长看护，因此对于穿脱比较麻烦的背带裤来说，一般不大适合处于幼儿园上学阶段的幼儿穿着，当然，对于自理能力较强的幼儿也可穿着，款式如图 3-39 所示。

1. **款式设计图**

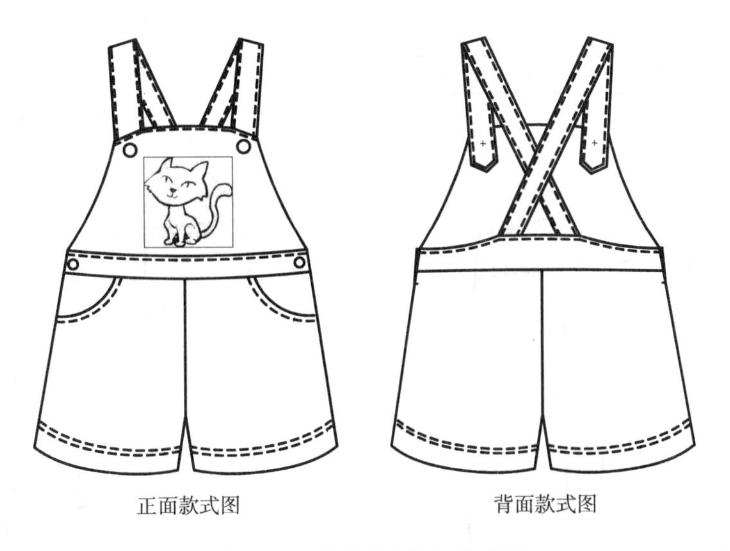

图 3-39　幼儿背带短裤款式图

2. **结构尺寸表**

幼儿背带短裤结构尺寸见表 3-8,适合 1~5 岁幼儿穿着。

表 3-8　幼儿背带短裤结构尺寸表　　单位：cm

身高	前胸片高	前胸片宽	裤长	上裆长	腰围	臀围	裤口宽	肩带长
80	15	14	26	22	54	64	19	35
90	16	15	27	23	58	68	20.5	37
100	17	16	28	24	62	72	22	39
110	18	17	29	25	66	76	23.5	41

3. **结构制图**

幼儿背带短裤结构制图以身高 90 cm 幼儿为例,如图 3-40 所示。

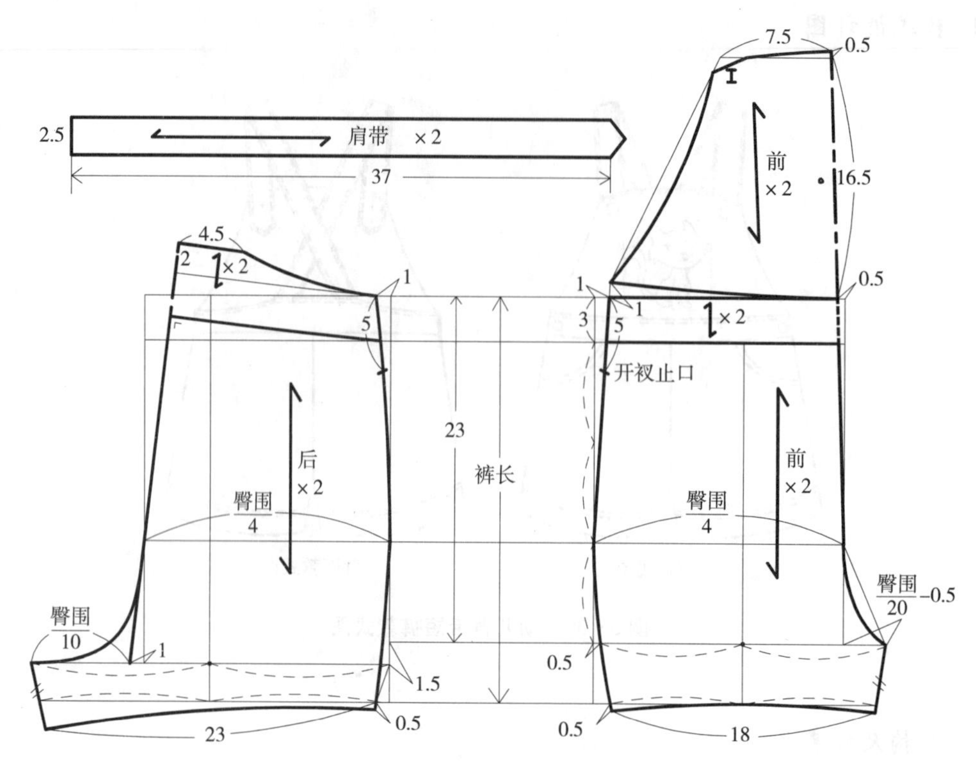

图 3-40　幼儿背带短裤结构制图

本章小结

■ 幼儿装设计的要素，包括款式、色彩、材料、宽松量的设计与应用。

■ 幼儿上装中三节褶式上衣、T恤、外套的设计与结构制图。

■ 幼儿裙装中吊带裙、短袖连衣裙的设计与结构制图。

■ 幼儿裤装中针织裤、褶裤、背带短裤的设计与结构制图。

作业

1. 调研和总结幼儿装设计要注意哪些要素。
2. 完成至少三款不同类型的幼儿上装的设计与结构制图。
3. 完成至少三款不同类型的幼儿裙装的设计与结构制图。
4. 完成至少三款不同类型的幼儿裤装的设计与结构制图。

第四章　学童装设计与结构制图

知识点

- ◆ 学童装设计要素
- ◆ 学童上装设计与结构制图
- ◆ 学童裙装设计与结构制图
- ◆ 学童裤装设计与结构制图

◎ 教学目标：

1. 掌握学童装的设计要素；
2. 掌握学童上装常见款式的设计与结构制图；
3. 掌握学童裙装常见款式的设计与结构制图；
4. 掌握学童裤装常见款式的设计与结构制图。

◎ 教学重点：

常见学童服装的款式设计与结构制图。

◎ 教学方法：

1. 引入法：如引入生活中的学童服装来讲解款式设计与结构制图；
2. 讲授法与演示法相结合：如讲授演示各种学童装的款式设计与结构制图；
3. 实践法：如学生自己做制图练习。

第一节　学童装设计要素

一、款式

学童期儿童基本上为小学阶段学生，生活上基本能自理，与幼儿的活泼好动相比，小学生更为安静、沉稳些。运动休闲的设计元素仍是学童期服装的主要特色，同时增加了些时尚的流行气息。也就是学童期服装除了舒适性和安全性外，美观性也是服装设计的一个非常重要的考虑因素。此时，服装款式分为两个方向，一个方向继续沿袭童装的可爱，如宽松的 A 造型和 H 造型、漂亮的蝴蝶结、层层叠叠的波浪边；另一个方向则趋向成人化，如西装的收腰合体造型、小礼服的贴身曲线造型。因此，布满蝴蝶结和荷叶边的浪漫公主裙、休闲随意的针织 T 恤、舒适简洁的针织外套、合体端庄的小西服、工整简洁的小衬衫、宽松舒适的休闲裤、时尚可爱的针织紧身裤等，都是学童装常见的款式，如图 4－1、图 4－2 所示。

图 4－1　学童装款式图(一)

图 4－2　学童装款式图(二)

二、色彩与图案

学童期服装常用的色彩还是鲜明亮丽的粉红、粉蓝以及黄色、橙色、白色、浅紫、淡绿等，以及丰富的色彩拼接与搭配，显示出儿童的活泼开朗、充满生机与朝气，如图 4－3 所示。同时，

图 4－3　学童装常用色彩与图案

这些清新亮丽的色彩能使人心情愉悦，从而促进儿童的身心健康发展。很多国家的小学生校服及帽子都以显眼的黄色或橙色作为主打色，以增强小学生群体的识别性，尤其可在上学、放学路上提高过马路的安全性。图案方面，由于学童期儿童比幼儿期更成熟，再加上小学阶段对语文、数学等科目的学习，促进了抽象思维的发展。因此，学童期儿童慢慢的不再热衷于具象清晰的蝴蝶图案、小狗狗图案、小花朵图案，而是逐步喜欢上了简略的物体廓形、几何图形、英文字母等。

三、面辅料

童装最常用的就是棉类织物，因为棉织物及棉混纺织物不仅服用性能好，而且柔软结实，适合水洗，最适合学童们穿用。譬如剪绒布，俗称天鹅绒，绒面通常为棉纤维，而底面一般选用化纤。剪绒布的绒面绒毛浓密、质地丰厚，手感柔软富有弹性，色泽鲜艳，顺毛颜色浅，倒毛颜色深，适合制作睡衣、少女装等。很多弹力牛仔布，厚实耐磨，吸湿性强，透气性好，保型性好，手感丰满。如蓝牛仔布、黑牛仔布、竹节牛仔布、雨点牛仔布等，常适用于半腰裙、牛仔短裤、长裤、衬衫、外套、连衣裙等。羊羔绒绒毛细密，毛面丰满，保暖性好，但易散脱，易产生静电，适宜做毛领、帽子、棉袄里等。对于尼龙布，由于抗断裂强度高，耐磨性好，且易洗涤，但是吸湿性和透气性较差，且在干燥环境下，易产生静电，也易起毛、起球，因此，尼龙布常用于夹克衫、滑雪袄及棉装的外层面料，或者用作西装、大衣等的里布，不适合与皮肤直接接触。轻薄柔软、凉爽透气、易定型的雪纺面料，常用于制作女童的裙子、上衣等。学童装常用面料如图 4-4～图 4-24 所示。

图 4-4　剪绒布正面

图 4-5　剪绒布背面

图 4-6　羊羔绒

图 4-7　尼龙(涤纶)涂层布

图 4-8　尼龙(涤纶)布

图 4-9　涤纶里布

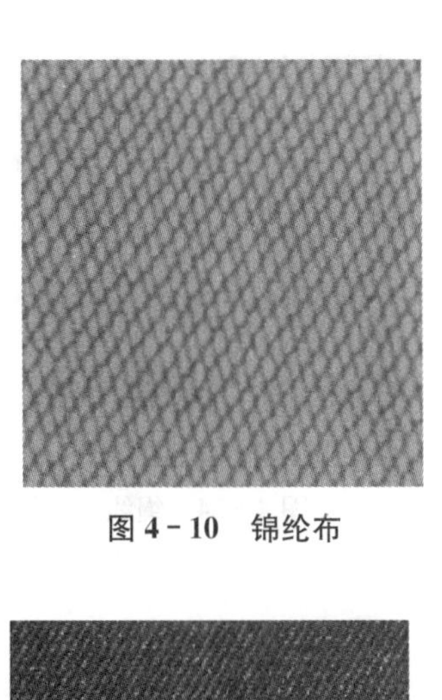
图 4 - 10　锦纶布

图 4 - 11　细帆布

图 4 - 12　粗帆布

图 4 - 13　普通牛仔布

图 4 - 14　竹节牛仔布

图 4 - 15　印花牛仔布

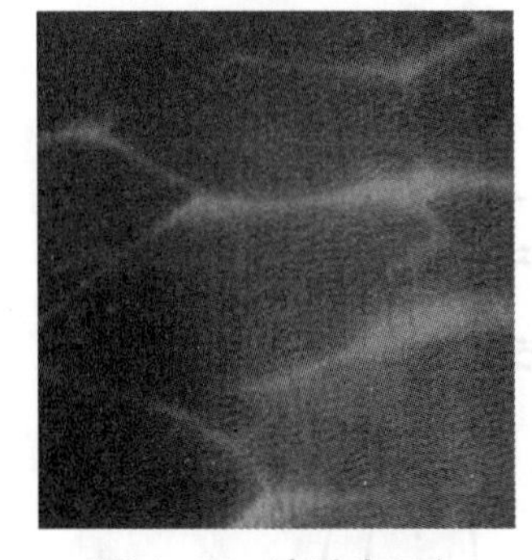
图 4 - 16　磨砂牛仔布

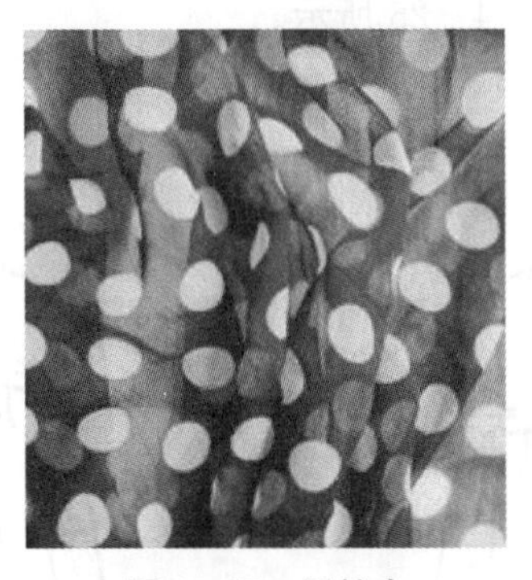
图 4 - 17　雪纺布

图 4 - 18　立体雪纺布

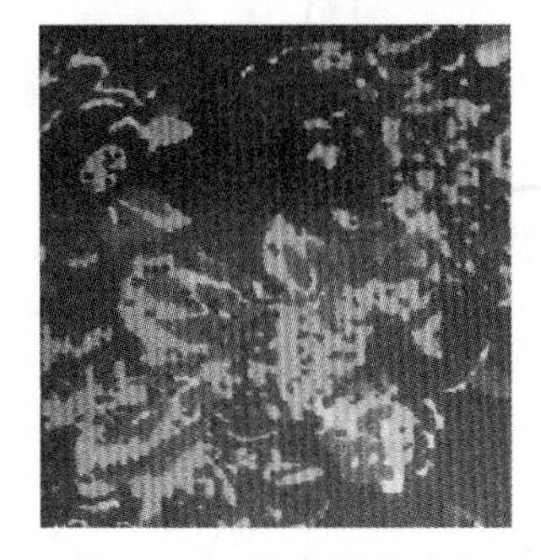
图 4 - 19　细条绒印花布

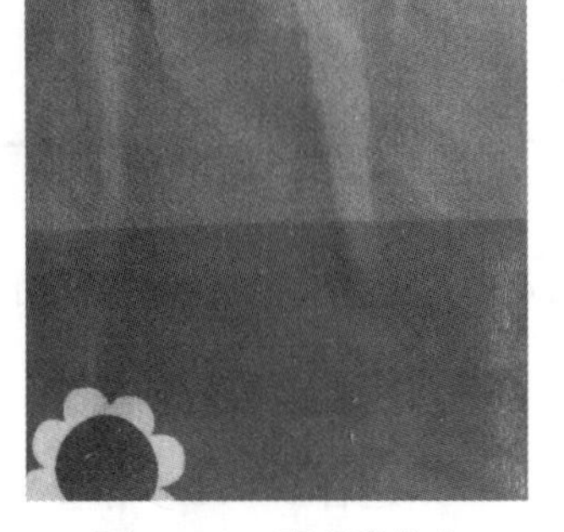
图 4 - 20　磨毛印花布

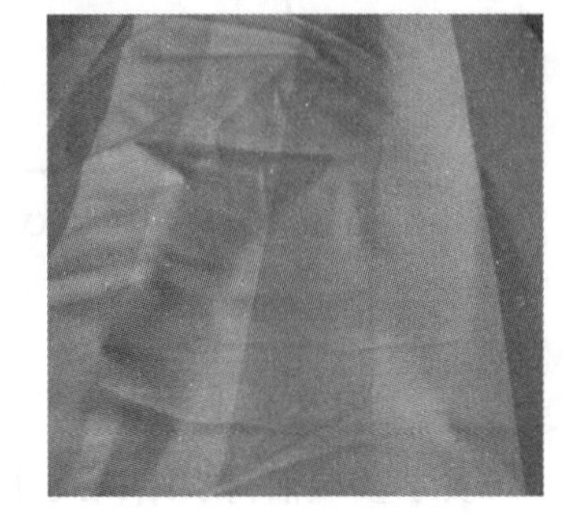
图 4 - 21　条纹细平布

图 4-22　纯棉针织布

图 4-23　棉毛针织布

图 4-24　绳线

第二节　学童上装设计与结构制图

一、女学童短袖衬衣

此款衬衣适合女童穿着，可采用纯棉印花面料，或者薄型弹力牛仔面料，也可面料拼接。翻折领、泡泡短袖，肩部合体，下摆宽松，前胸、后背的分割线处以及领子外围嵌入花边做装饰，整体活泼可爱又显端庄，款式如图 4-25 所示。

1. **款式设计图**

图 4-25　女学童短袖衬衣款式图

2. **结构尺寸表**

女学童短袖衬衣结构尺寸见表 4-1，适合 5～11 岁学童穿着。

表 4-1　女学童短袖衬衣结构尺寸表　　单位：cm

身高	衣长	胸围	肩宽	领围	袖长	袖口围
110	41	70	29.5	26.5	15	19
120	45	74	31	28	16	20
130	49	78	32.5	29.5	17	21

3. 结构制图

女学童短袖衬衣结构制图以身高 120 cm 儿童为例，如图 4-26～图 4-29 所示。

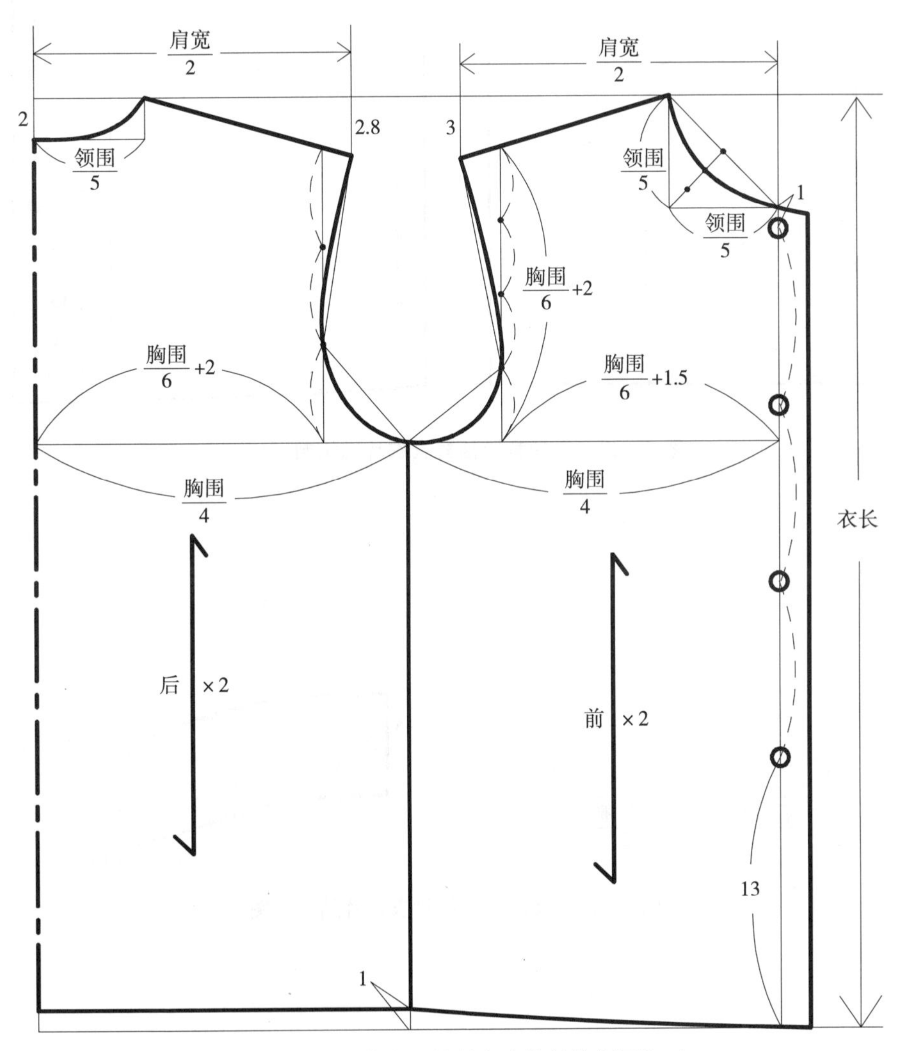

图 4-26　女学童短袖衬衣衣片结构制图(一)

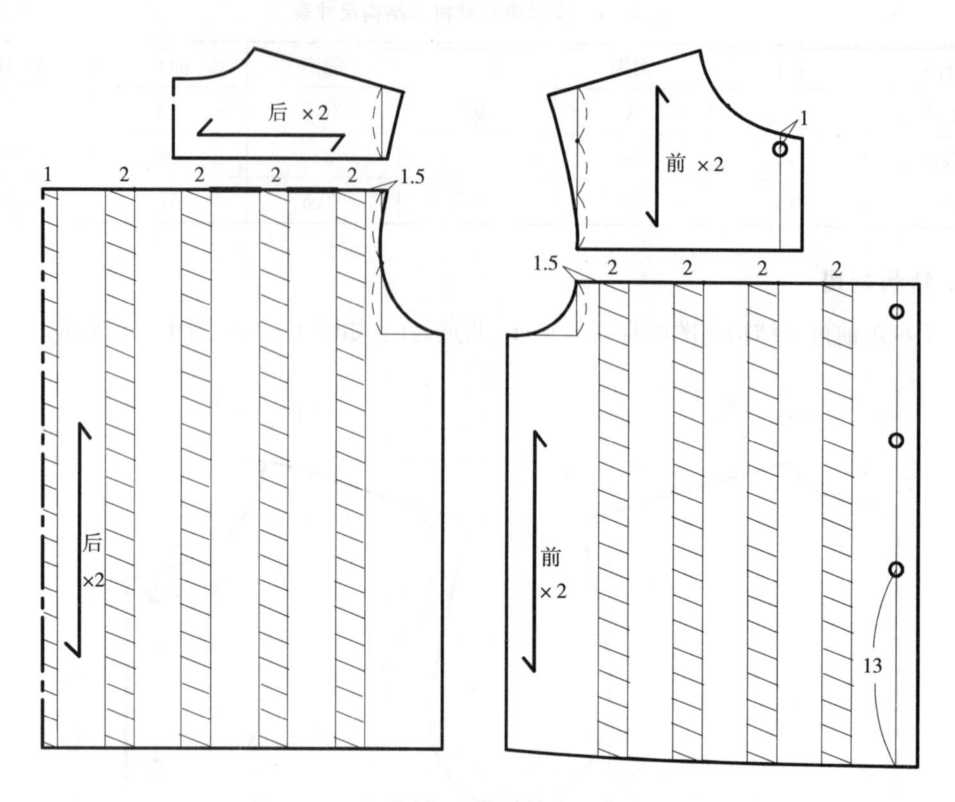

图 4-27　女学童短袖衬衣衣片结构制图(二)

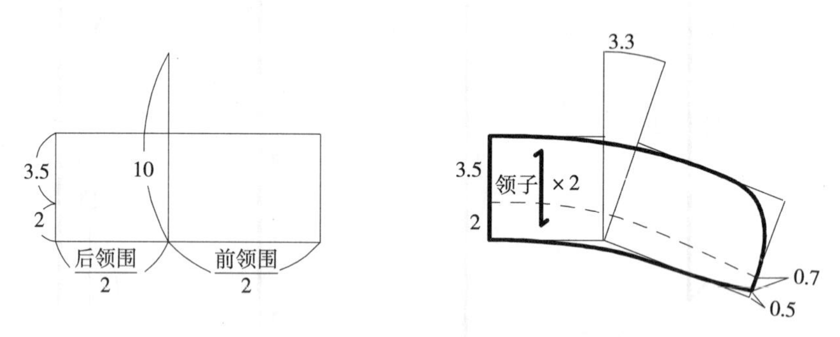

图 4-28　女学童短袖衬衣领片结构制图

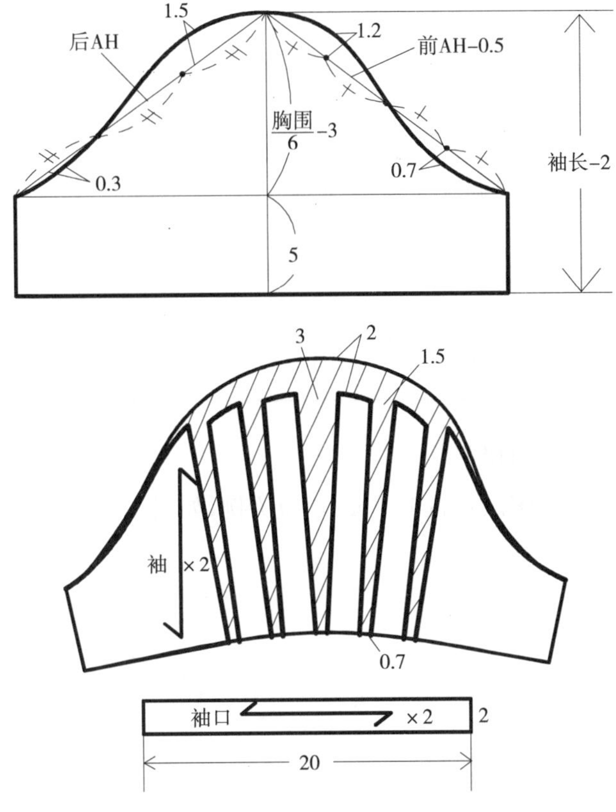

图 4-29　女学童短袖衬衣袖片结构制图

二、女学童长袖衬衣

此款衬衣可采用薄型或中厚型的纯棉面料，如细平布、斜纹布、卡其布、细条灯芯绒布等。圆平领，泡泡长袖，袖口用松紧带稍收缩。前胸、后背采用压明线收褶处理，使得衣片上端合体，腰部宽松，下摆再用松紧带收缩，款式如图 4-30 所示。

1. 款式设计图

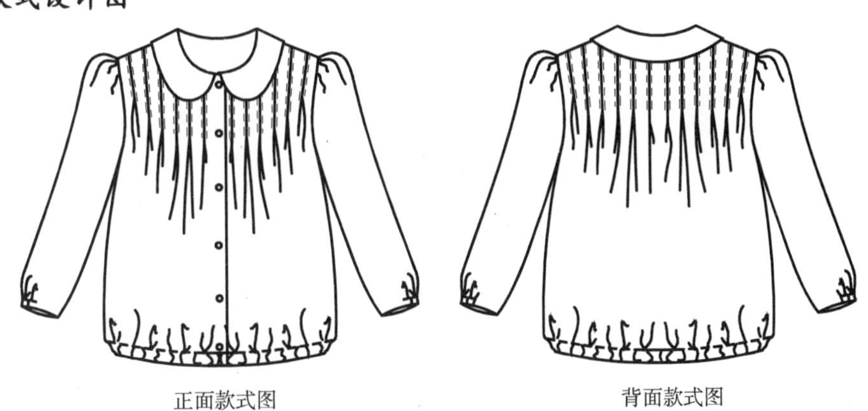

图 4-30　女学童长袖衬衣款式图

2. 结构尺寸表

女学童长袖衬衣的结构尺寸见表 4 - 2，适合 5～11 岁学童穿着。

表 4 - 2　女学童长袖衬衣结构尺寸表

单位：cm

身高	衣长	胸围	肩宽	领围	袖长	袖口围
110	40	70	29.5	30.5	35	18
120	44	74	31	32	38	20
130	48	78	32.5	33.5	41	22

3. 结构制图（原型法制图）

女学童长袖衬衣结构制图以身高 120 cm 学童为例，如图 4 - 31～图 4 - 36 所示。

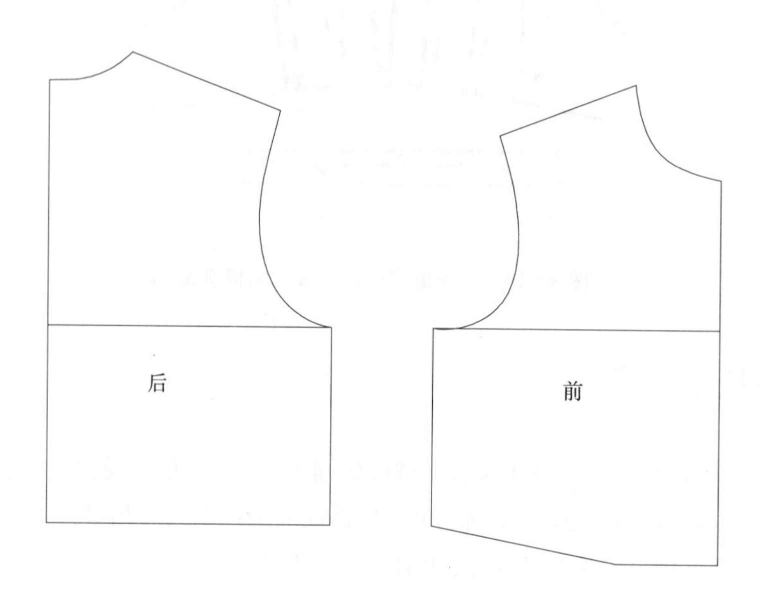

图 4 - 31　女学童长袖衬衣衣片原型板获取

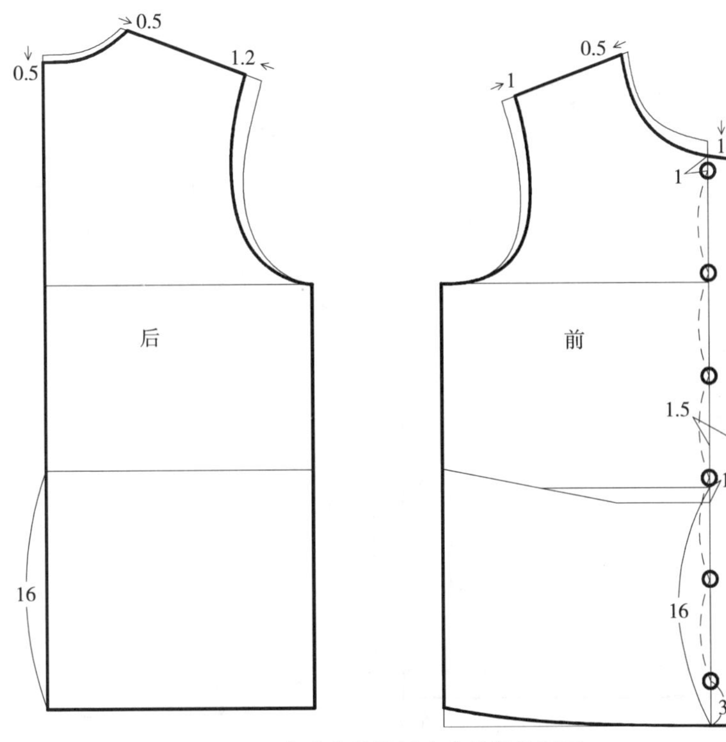

图 4－32　女学童长袖衬衣衣片结构制图

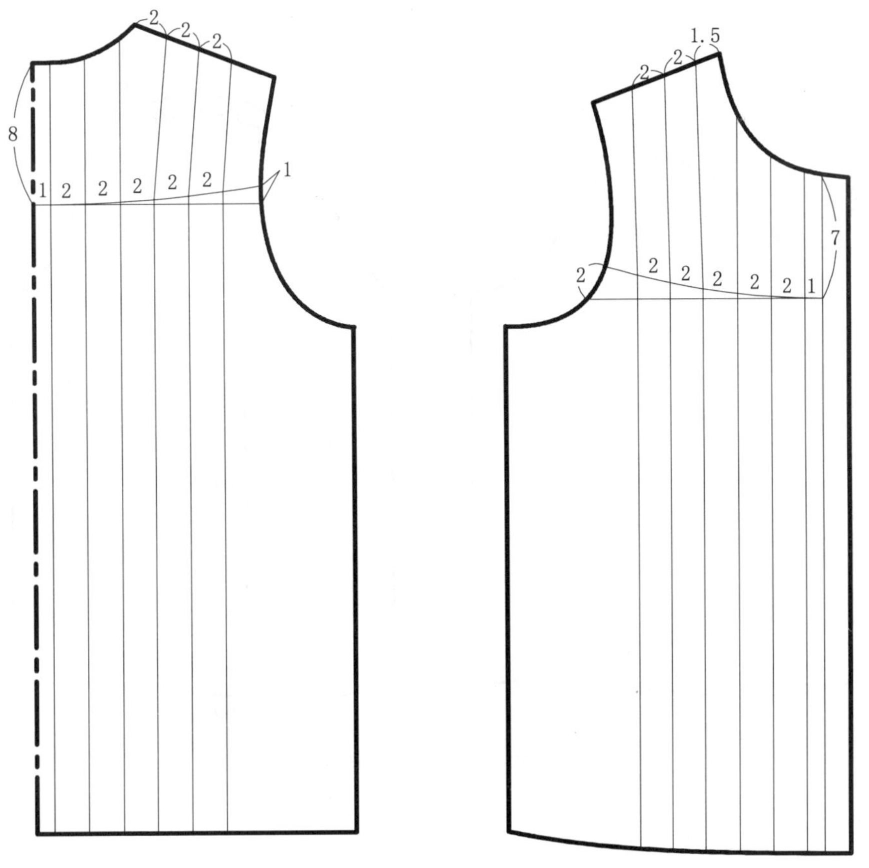

图 4－33　女学童长袖衬衣衣片褶裥位置图

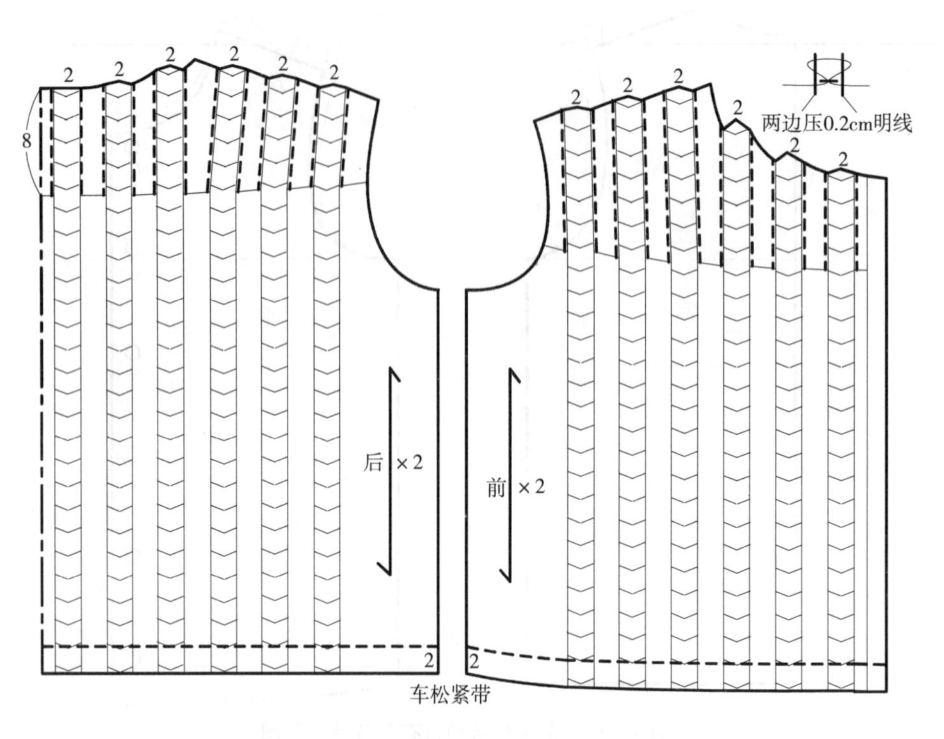

图 4-34　女学童长袖衬衣衣片褶裥展开图

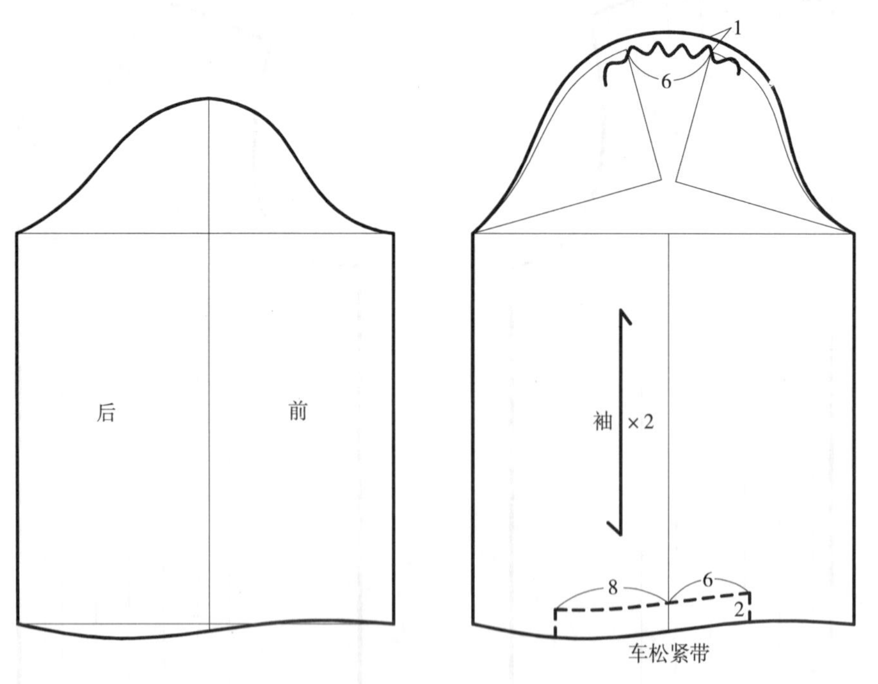

图 4-35　女学童长袖衬衣袖片结构制图

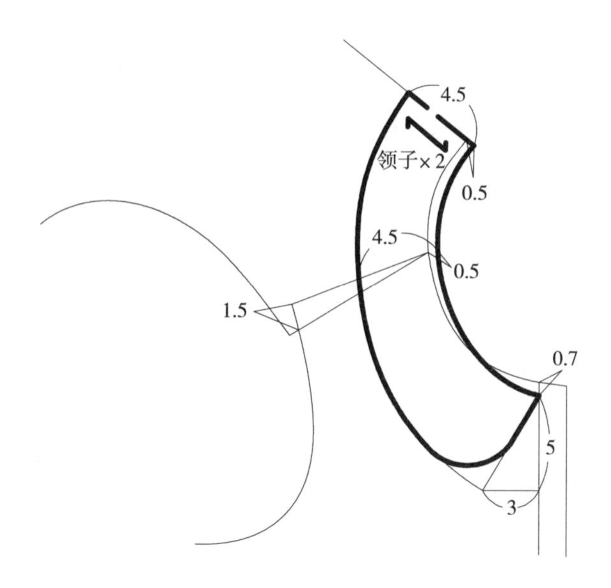

图 4-36　女学童长袖衬衣领片结构制图

三、男学童长袖衬衣

此款衬衣适合男童穿着，可采用纯棉面料或者涤棉面料。翻折领，长袖，袖口设开衩，前胸贴袋，后片分割，整体休闲又帅气，款式如图 4-37 所示。

1. **款式设计图**

图 4-37　男学童长袖衬衣款式图

2. **结构尺寸表**

男学童长袖衬衣的结构尺寸见表 4－3，适合 5～11 岁学童穿着。

表 4－3　男学童长袖衬衣结构尺寸表　　单位：cm

身高	衣长	胸围	肩宽	领围	袖长	袖口围
110	42	72	31	27.5	35	15
120	46	76	32.5	28.5	38	16
130	50	80	34	28.5	41	17

3. **结构制图**

男学童长袖衬衣结构制图以身高 120 cm 学童为例，如图 4－38～图 4－40 所示。

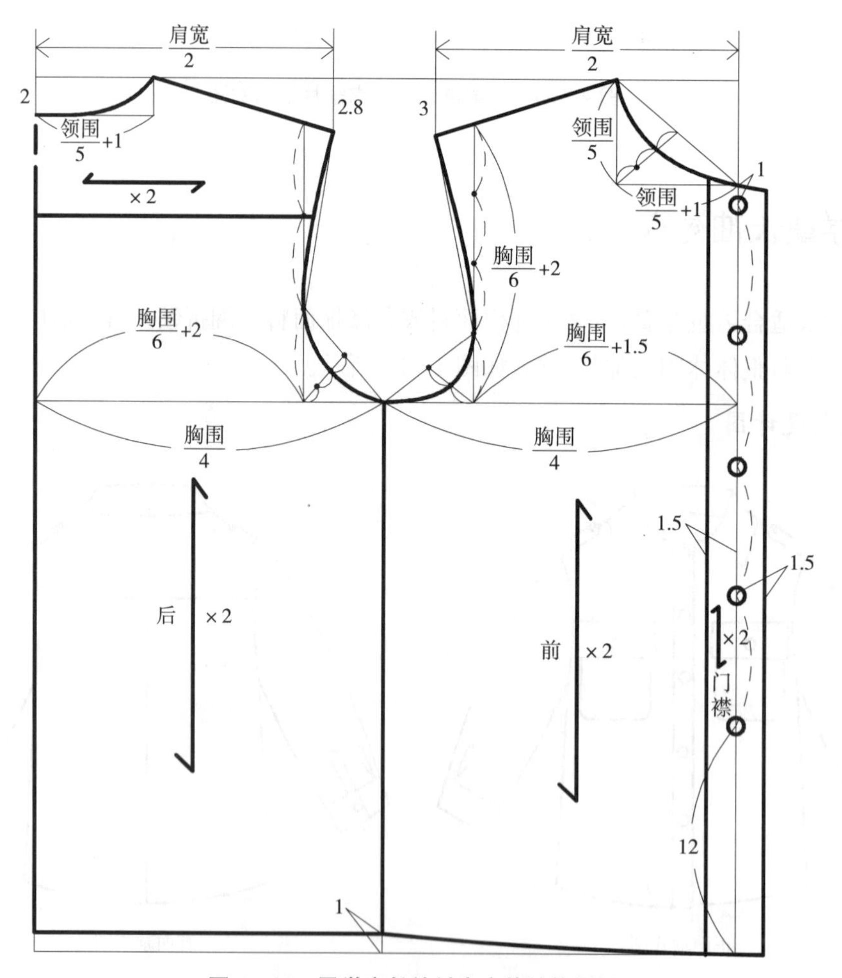

图 4－38　男学童长袖衬衣衣片结构制图

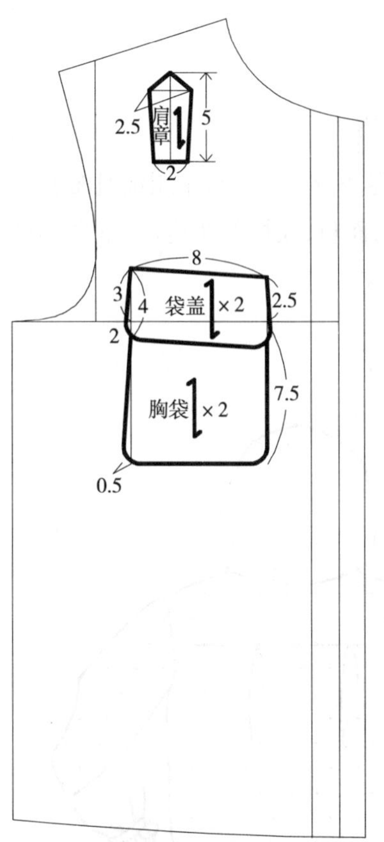

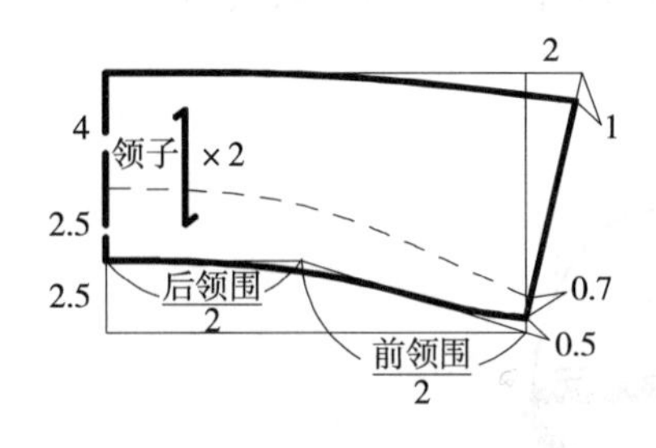

图 4-39 男学童长袖衬衣领片、口袋、肩章结构制图

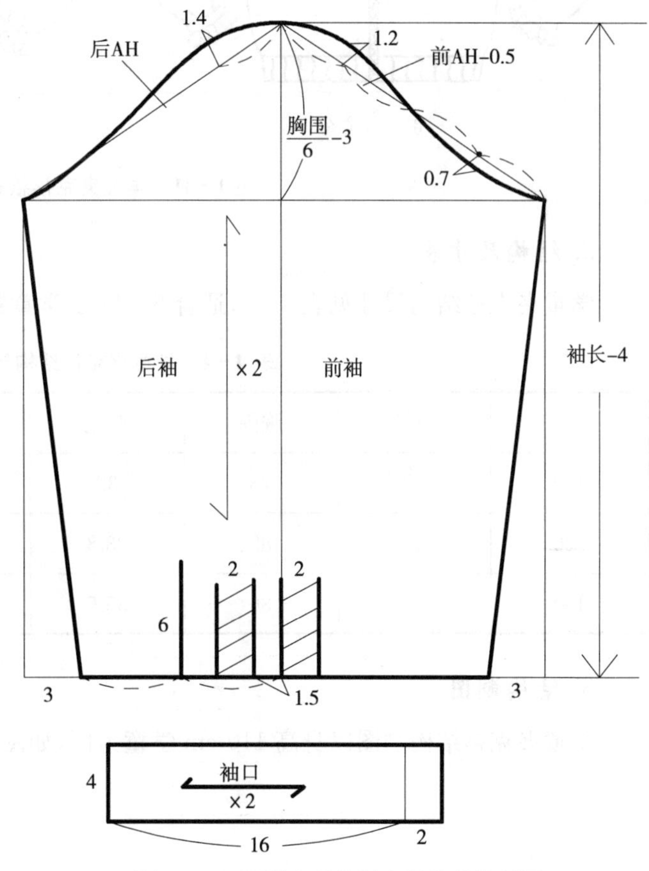

图 4-40 男学童长袖衬衣袖片结构制图

四、夹克衫

此夹克衫面料可采用涤纶涂层布，剪绒布做里层布，适合冬季穿着。也可采用细帆布或者条绒布，适合春秋季穿着。帽子边缘、口袋口、袖口可嵌上不同面料、纹样的花边，女童穿着更漂亮。此款式除去花边，即适合男童穿着，款式如图 4－41 所示。

1. 款式设计图

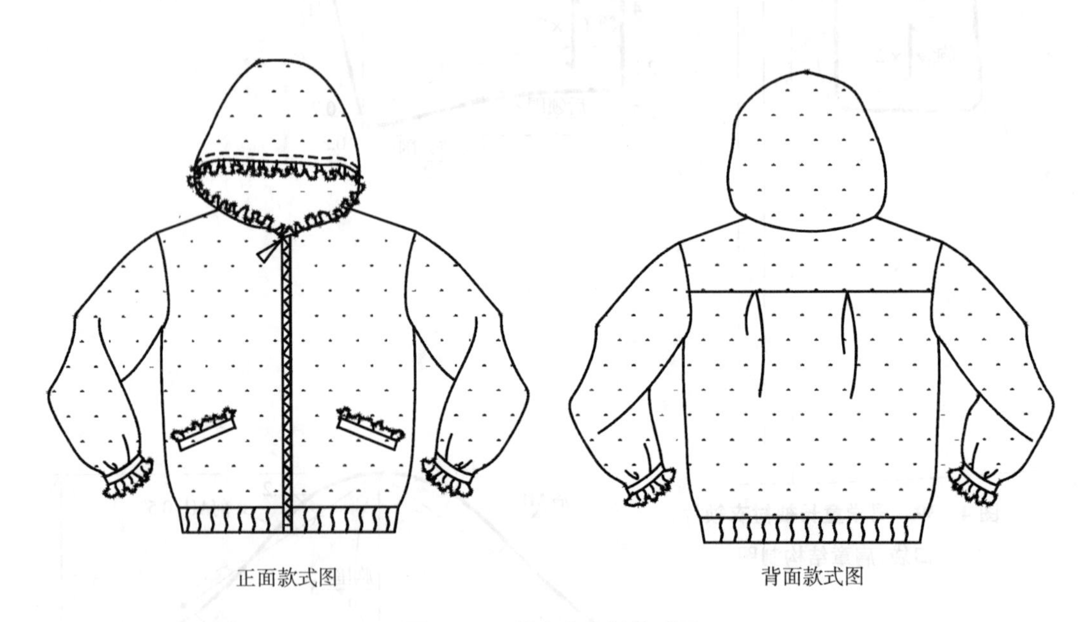

图 4－41 学童夹克衫款式图

2. 结构尺寸表

学童夹克衫结构尺寸见表 4－4，适合 5～11 岁学童穿着。

表 4－4 学童夹克衫结构尺寸表　　单位：cm

身高	衣长	胸围	肩宽	领围	袖长	袖口围
110	42	78	32	27.5	35	14
120	46	82	33.8	28.5	38	15
130	50	86	35.6	29.5	41	16

3. 结构制图

学童夹克衫结构制图以身高 110 cm 学童为例，如图 4－42～图 4－44 所示。

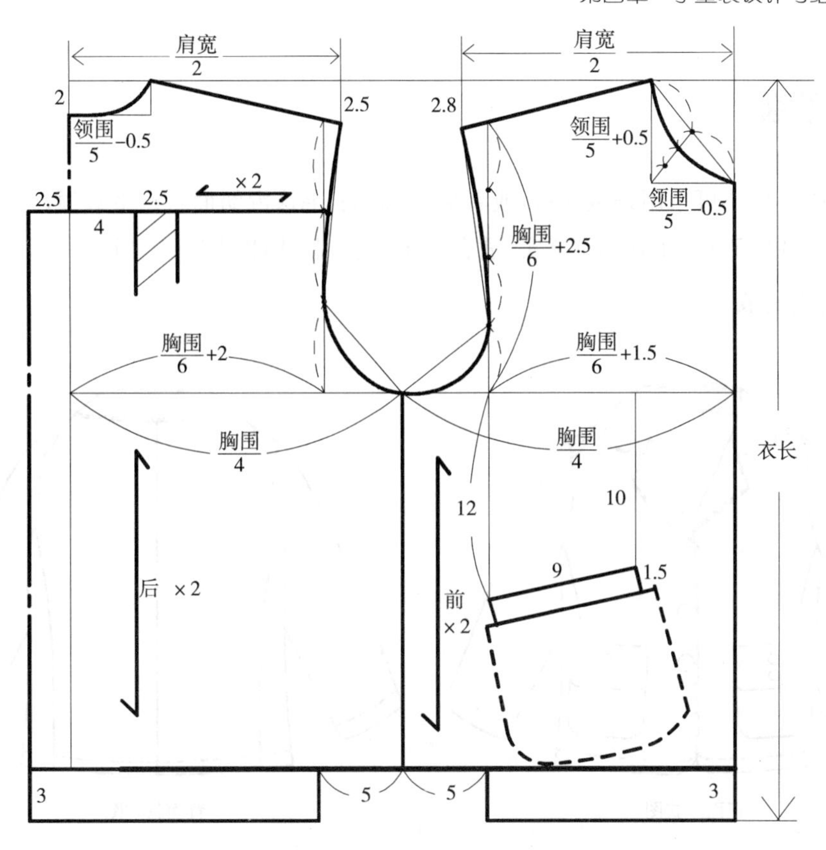

图 4－42　学童夹克衫衣片结构制图

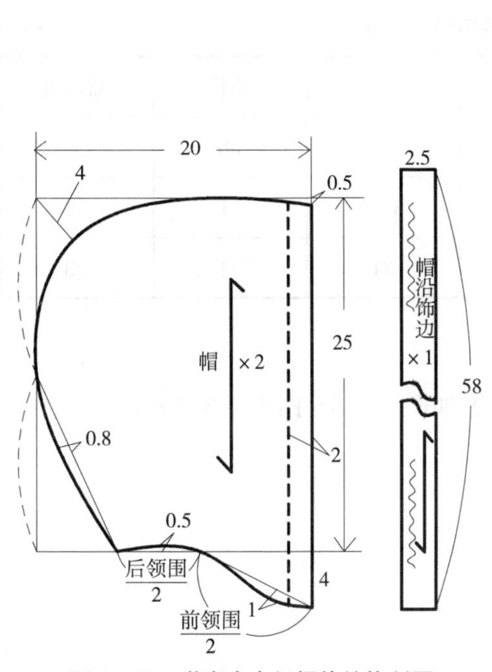

图 4－43　学童夹克衫帽片结构制图

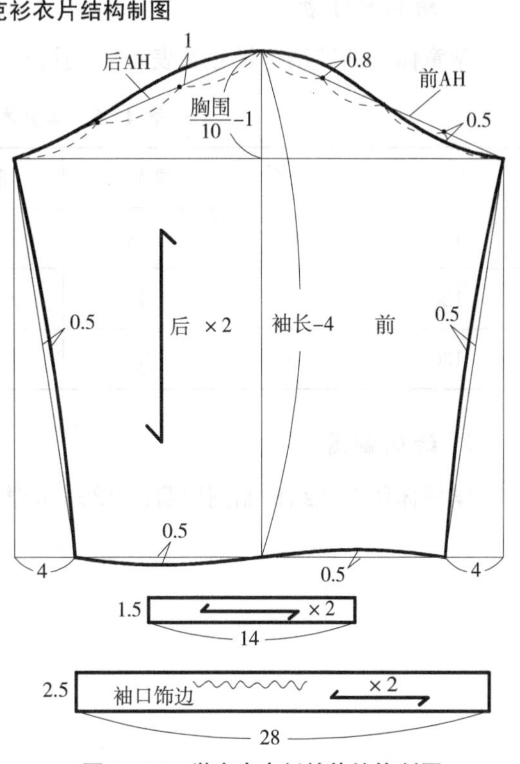

图 4－44　学童夹克衫袖片结构制图

五、休闲西装

此款休闲小西装可采用条绒面料，或者棉毛、棉涤、毛涤混纺面料。平驳领，三粒扣，贴袋。肩部贴一车明线的肩片，使肩部更挺实，适合男童穿着，款式如图 4－45 所示。

1. **款式设计图**

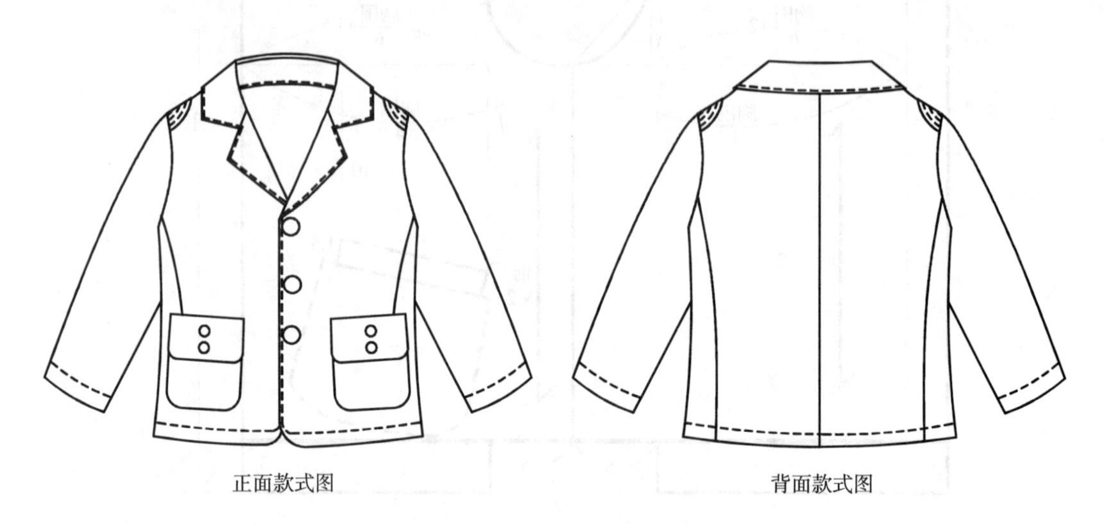

图 4－45 学童休闲西装款式图

2. **结构尺寸表**

学童休闲西装结构尺寸见表 4－5，适合 5～11 岁学童穿着。

表 4－5 学童休闲西装结构尺寸表 单位：cm

身高	衣长	腰节长	胸围	肩宽	袖长	袖口围
110	42	28	74	31	38	21
120	46	30	78	32.5	41	22
130	50	32	82	34	44	23

3. **结构制图**

学童休闲西装结构制图以身高 120 cm 学童为例，如图 4－46～图 4－48 所示。

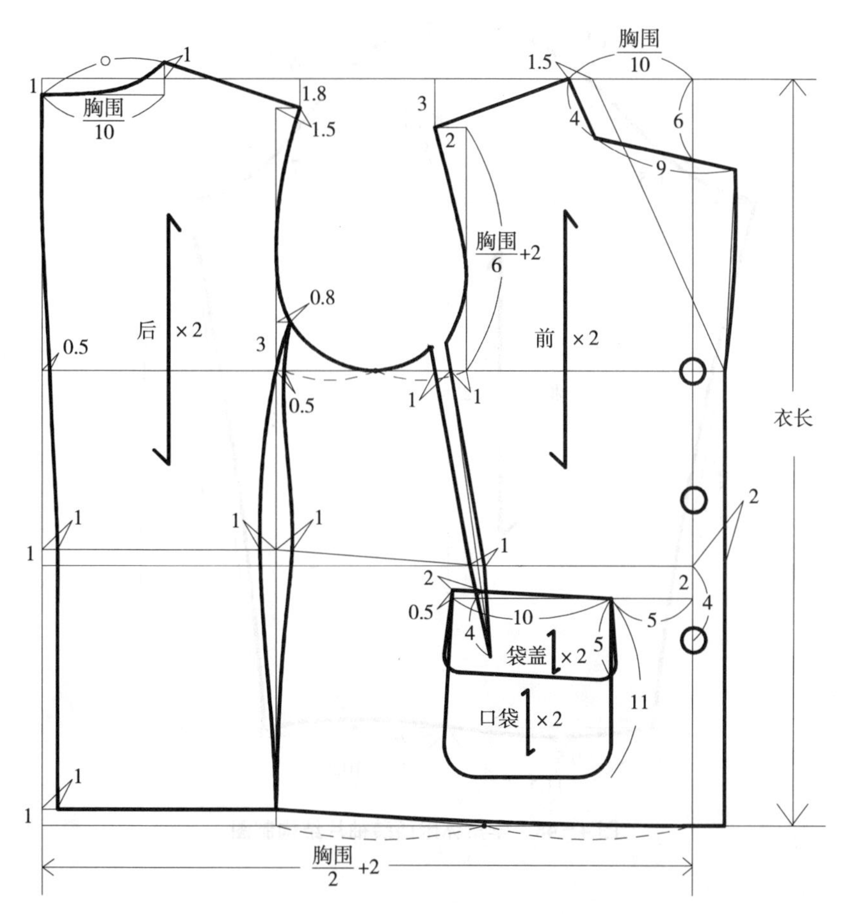

图 4－46　学童休闲西装衣片结构制图

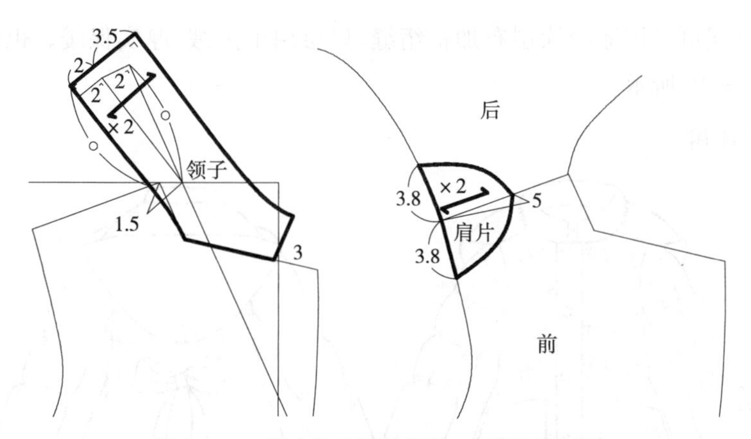

图 4－47　学童休闲西装领片、肩片结构制图

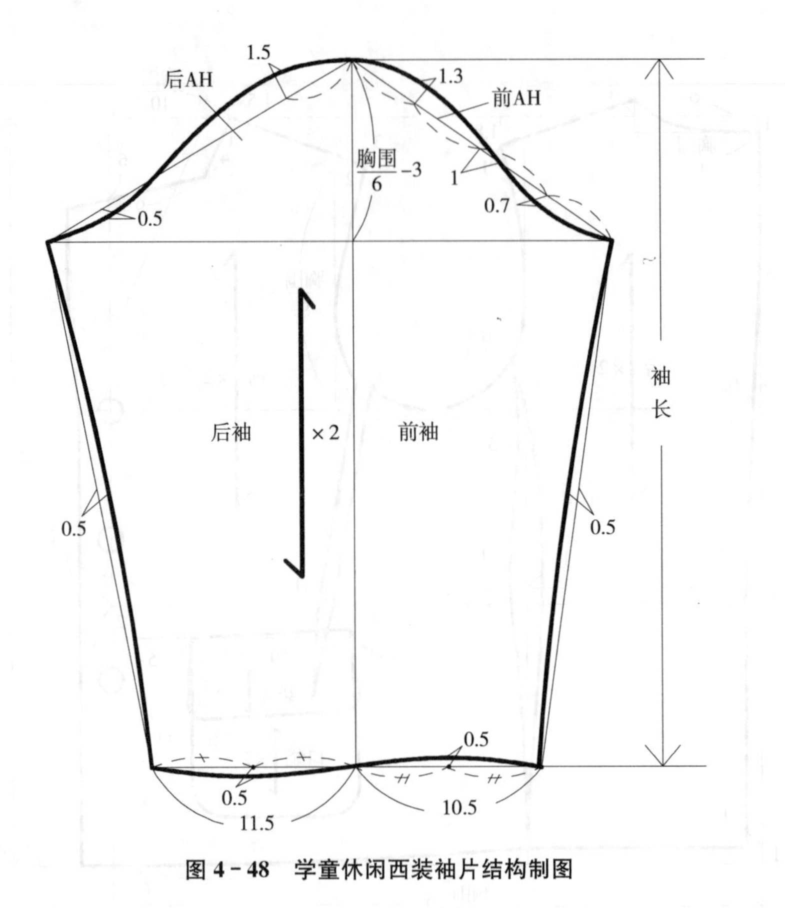

图 4-48　学童休闲西装袖片结构制图

六、冬季棉服外套

此款棉服外层可采用涤纶涂层布加棉绗缝，里层用羊羔绒，厚实保暖。也适合羽绒服款式。款式如图 4-49 所示。

1. **款式设计图**

图 4-49　学童冬季棉服款式图

2. **结构尺寸表**

学童冬季棉服结构尺寸见表 4-6，适合 5～11 岁学童穿着。此款式也可尺寸设置大些给身高超过 130 cm 的女孩穿着。

表 4-6　学童冬季棉服结构尺寸表　　单位：cm

身高	衣长	腰节长	胸围	肩宽	领围	袖长	袖口围
110	57	29	78	30.5	31	41	23
120	62	31	82	32	32	44	24
130	67	33	86	33.5	33	47	25

3. **结构制图**

学童冬季棉服结构制图以身高 130 cm 幼儿为例，如图 4-50～图 4-52 所示。

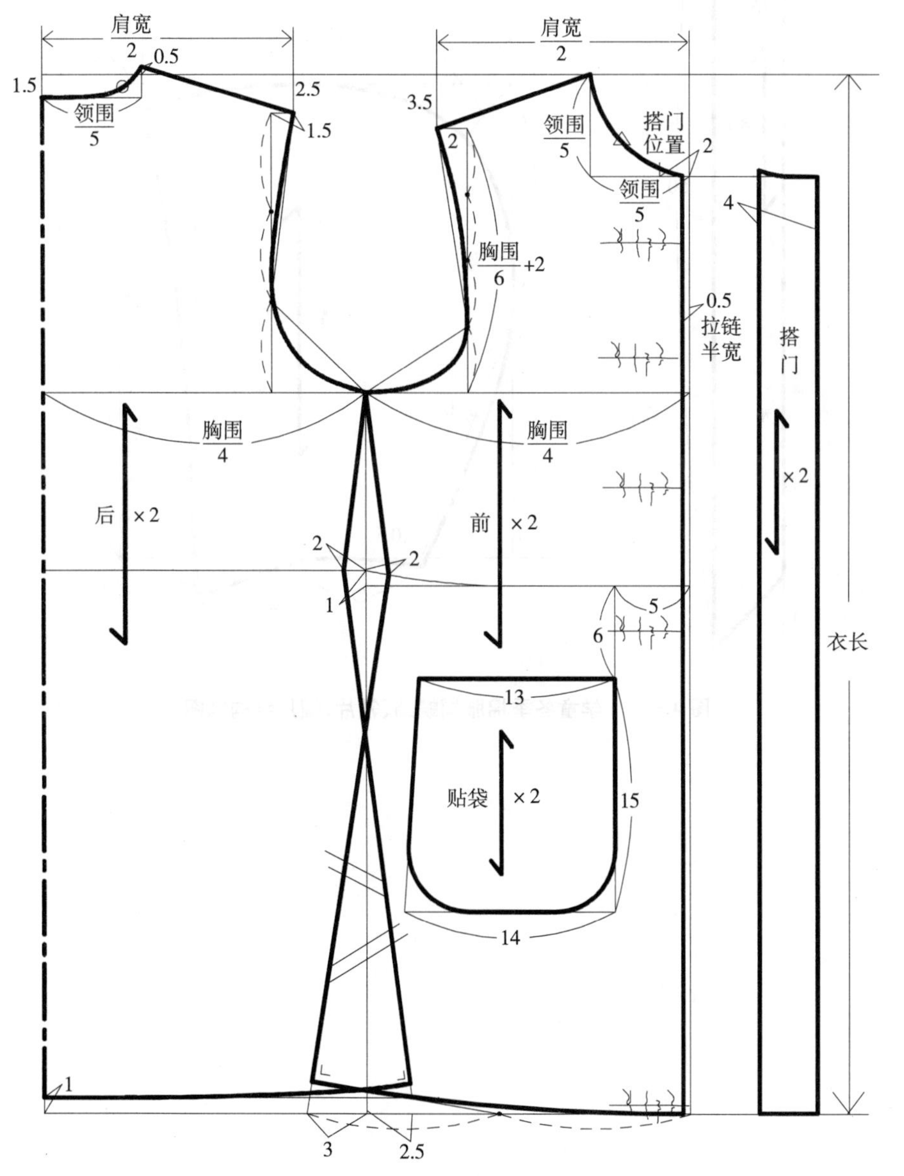

图 4-50　学童冬季棉服衣片结构制图

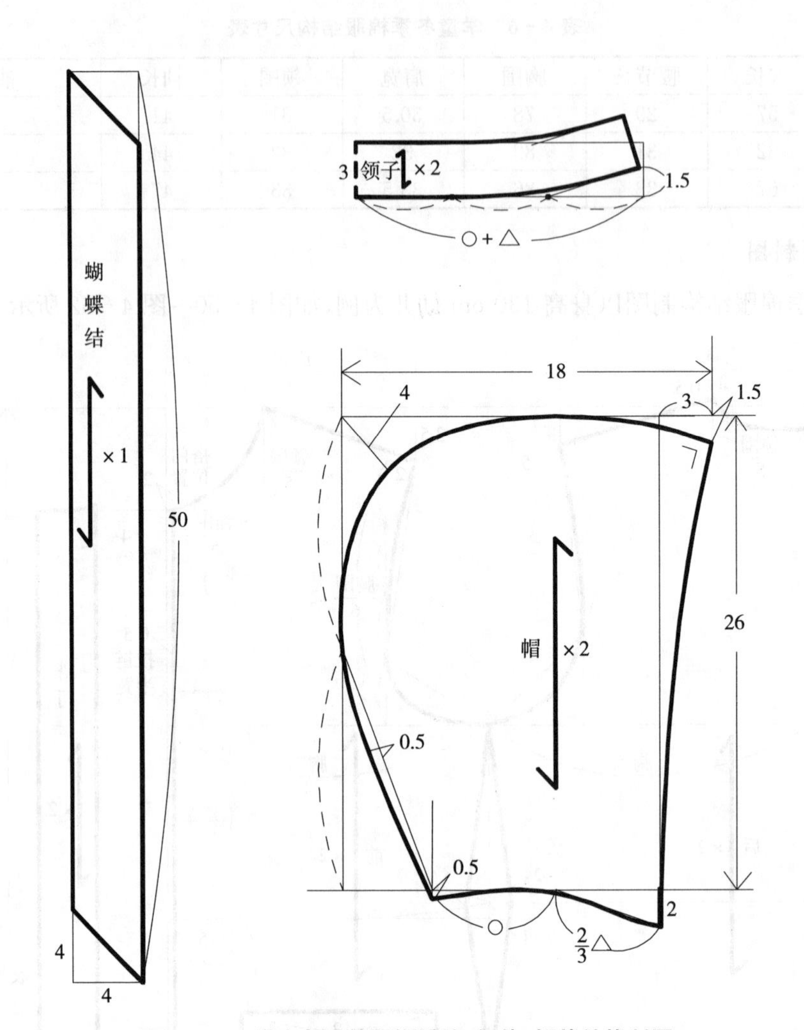

图 4－51　学童冬季棉服蝴蝶结、领片、帽片结构制图

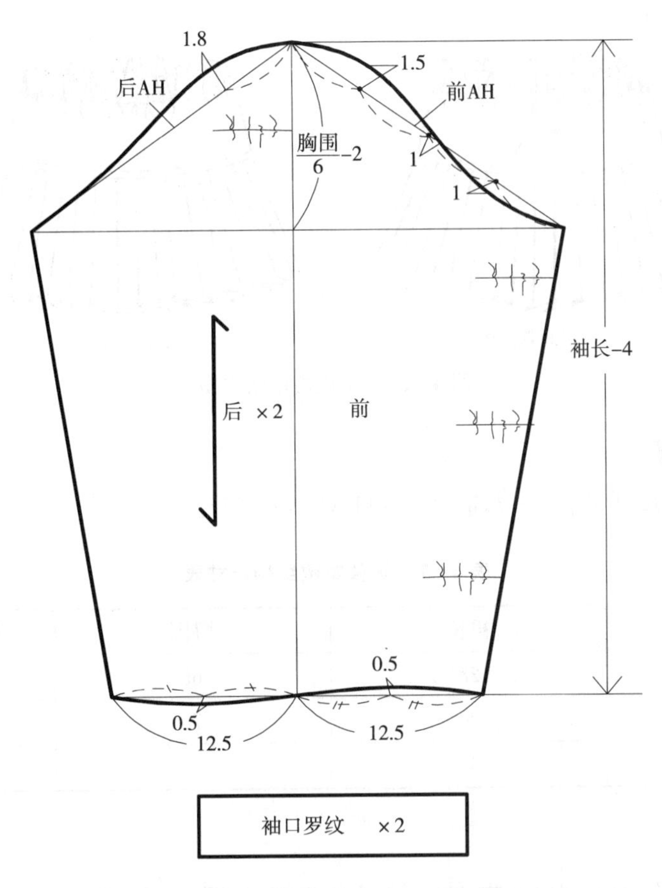

图 4－52　学童冬季棉服袖片结构制图

第三节　学童裙装设计与结构制图

一、短裙

此短裙分为两段，上段合体，下段为百褶造型。上半段面料可采用牛仔布，柔软、舒适、透气，下半段可采用涤纶化纤面料或涤棉混纺面料，易于定型，款式如图 4－53 所示。

1. **款式设计图**

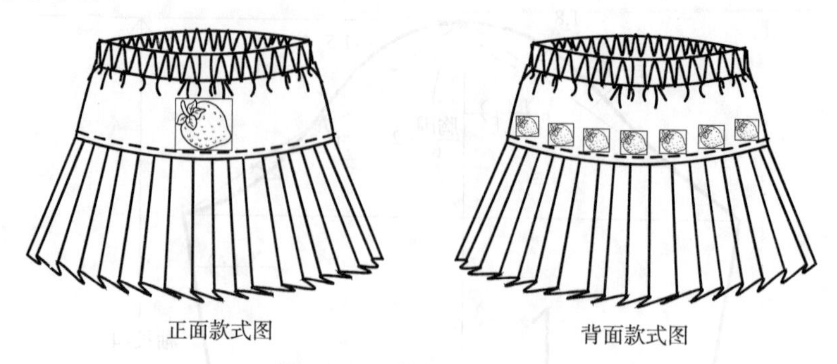

图 4-53　学童短裙款式图

2. **结构尺寸表**

学童短裙结构尺寸见表 4-7,适合 5～11 岁学童穿着。

表 4-7　学童短裙结构尺寸表

单位：cm

身高	裙长	臀围	腰围(车松紧后)
110	28	65	52
120	30	70	55
130	32	75	58

3. **结构制图**

此款学童短裙结构制图以身高 120 cm 幼儿为例,如图 4-54 所示。

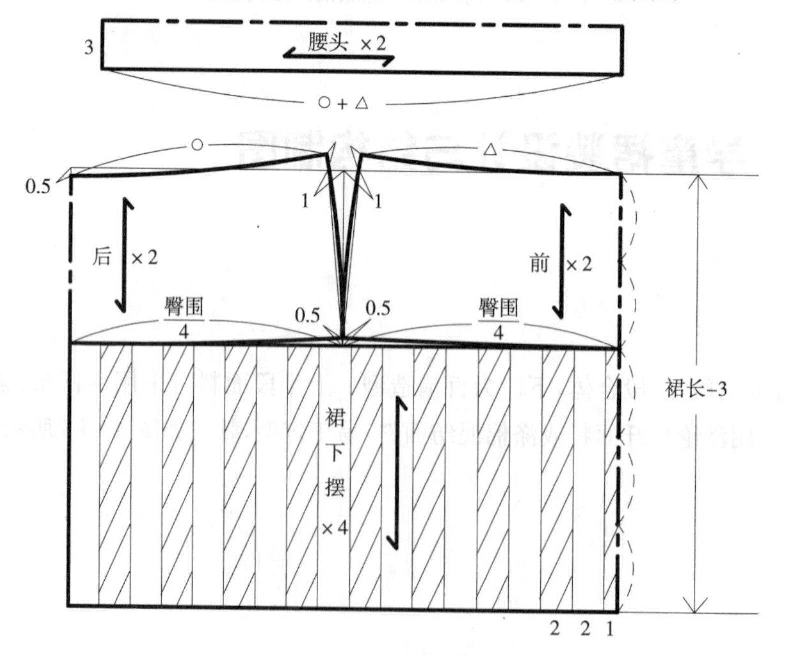

图 4-54　学童短裙结构制图

二、无袖连衣裙

此款连衣裙可用纯棉梭织面料，也可以用纯棉针织面料，或者不同色彩纹样的面料进行拼接搭配。款式宽松舒适，前面系蝴蝶结，后背设褶，下摆荷叶边，款式如图 4－55 所示。

1. 款式设计图

图 4－55　学童无袖连衣裙款式图

2. 结构尺寸表

学童无袖连衣裙结构尺寸见表 4－8，适合 5～11 岁学童穿着。

表 4－8　学童无袖连衣裙结构尺寸表　　单位：cm

身高	裙长	胸围	半领宽	前领深	后领深	肩带宽	下摆高
110	66	60	8	8.5	5.5	3	14
120	70	68	8.5	9	6	3.5	15
130	74	76	9	9.5	6.5	4	16

3. 结构制图

学童无袖连衣裙结构制图以身高 120 cm 学童为例，如图 4－56、图 4－57 所示。

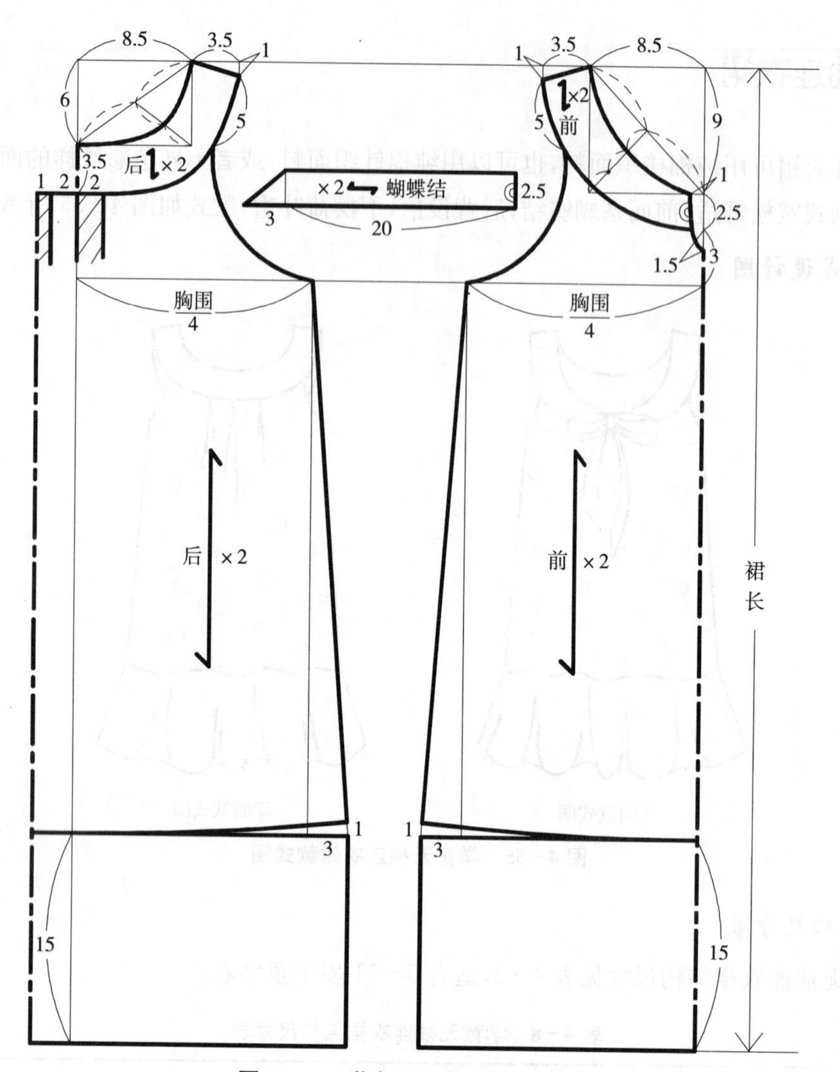

图 4－56　学童无袖连衣裙结构制图

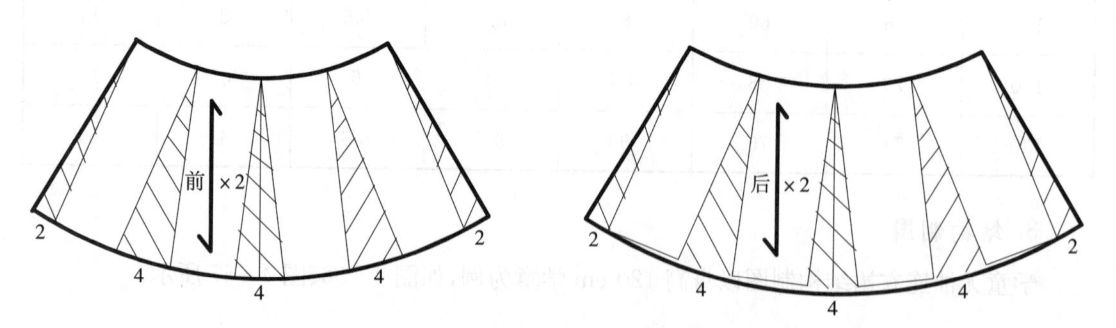

图 4－57　学童无袖连衣裙底摆展开结构图

三、短袖连衣裙

此款连衣裙可用平纹或斜纹的棉布，弹力牛仔布也适合。如果用针织布的话最好采用棉混纺，能够更好地保持收腰造型。此款式也可以采用图案胶印设计。平领、泡泡短袖，上半身前中开门襟，下半截裙身抽褶，款式如图 4－58 所示。

1. 款式设计图

图 4－58　学童短袖连衣裙款式图

2. 结构尺寸表

学童短袖连衣裙结构尺寸见表 4－9，适合 5～11 岁学童穿着。

表 4－9　学童短袖连衣裙结构尺寸表　　单位：cm

身高	上衣长	下裙长	腰节长	胸围	肩宽	领围	袖长	袖口围
110	35	23	28	68	28	29	15	19
120	38	24	30	72	29.5	30	16	20
130	41	25	32	76	31	31	17	21

3. 结构制图

学童短袖连衣裙结构制图以身高 120 cm 学童为例，如图 4－59～图 4－62 所示。

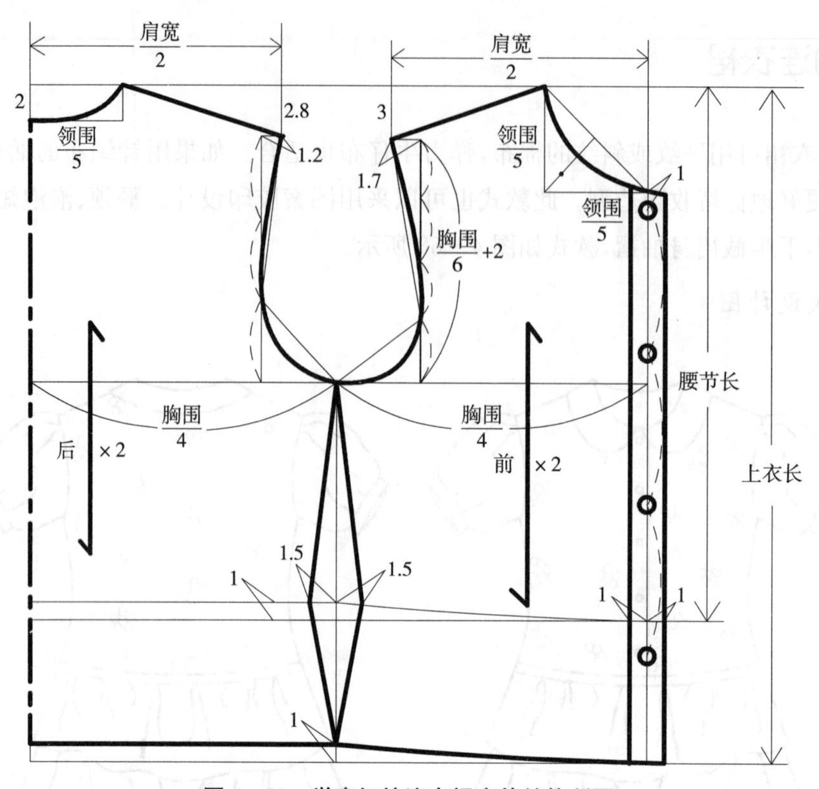

图 4－59　学童短袖连衣裙衣片结构制图

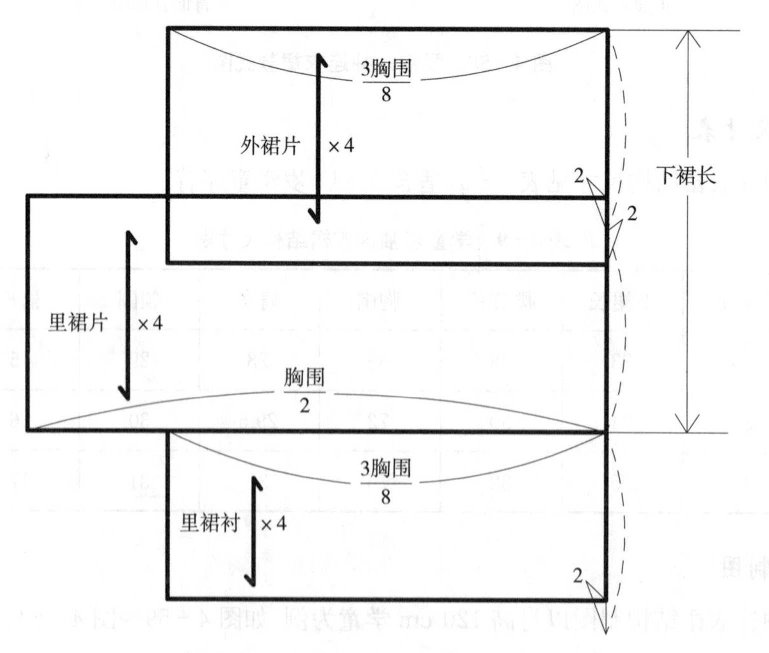

图 4－60　学童短袖连衣裙裙片结构制图

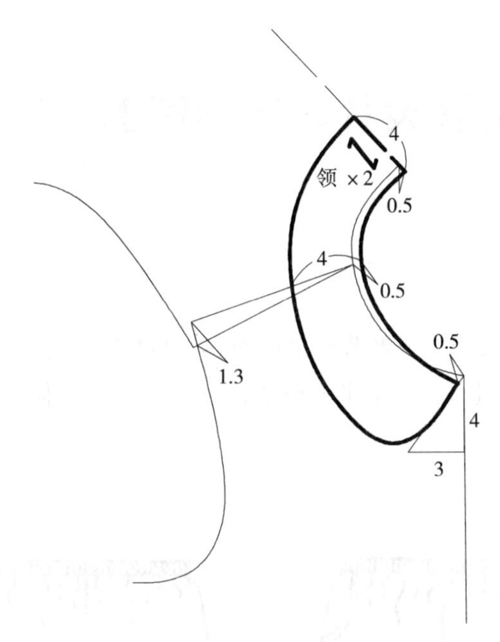

图 4-61　学童短袖连衣裙领片结构制图

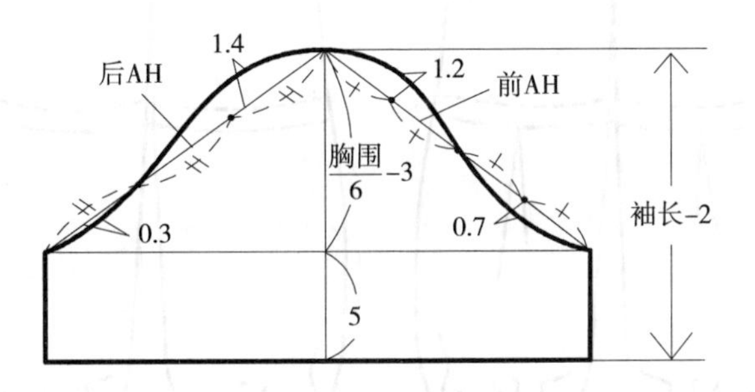

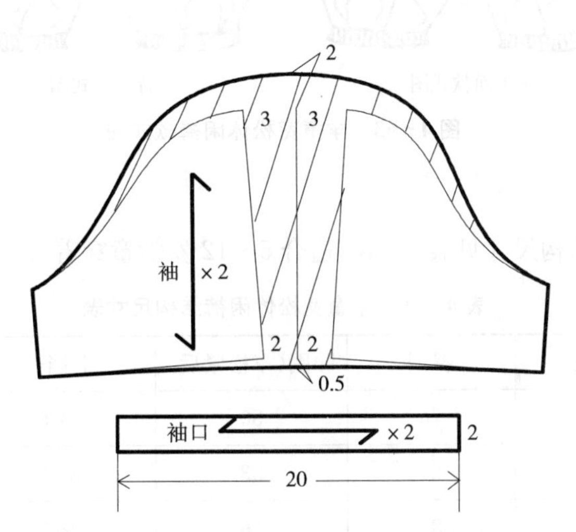

图 4-62　学童短袖连衣裙袖片结构制图

第四节　学童裤装设计与结构制图

一、宽松休闲裤

此休闲裤可采用灯芯绒面料或者薄型牛仔面料，可结合印花或绣花图案。款式为腰部松紧、斜插袋，裤身分割后叠进 2 cm，下半截设褶裥，裤口抽褶，整体宽松休闲，款式如图 4 - 63 所示。

1. **款式设计图**

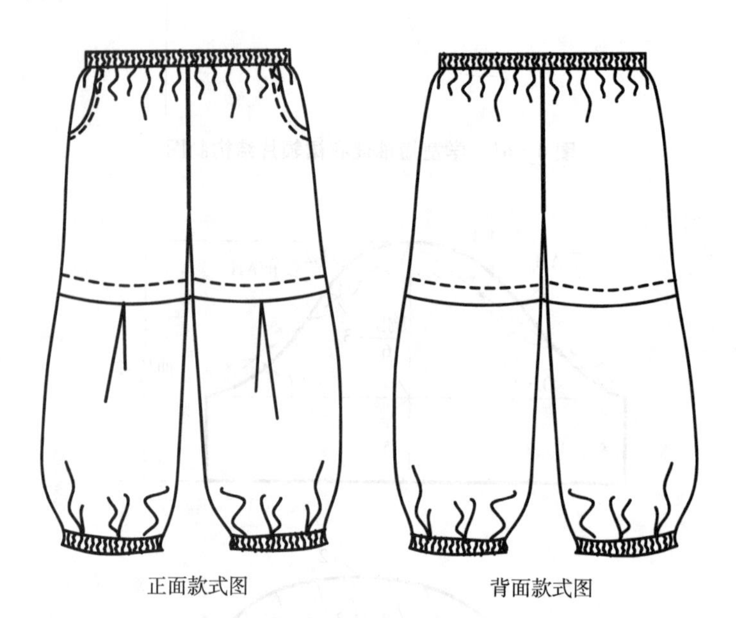

正面款式图　　背面款式图

图 4 - 63　学童宽松休闲裤款式图

2. **结构尺寸表**

学童宽松休闲裤结构尺寸见表 4 - 10，适合 5～12 岁学童穿着。

表 4 - 10　学童宽松休闲裤结构尺寸表　　单位：cm

身高	裤长	臀围	腰围(车松紧后)	上裆长	裤口宽(车松紧后)
110	61	76	50	24.5	17.5
120	68	81	53	26.5	18
130	75	86	56	28.5	18.5
140	82	91	59	30.5	19

3. **结构制图**

学童宽松休闲裤结构制图以身高 120 cm 学童为例，如图 4 - 64～图 4 - 66 所示。

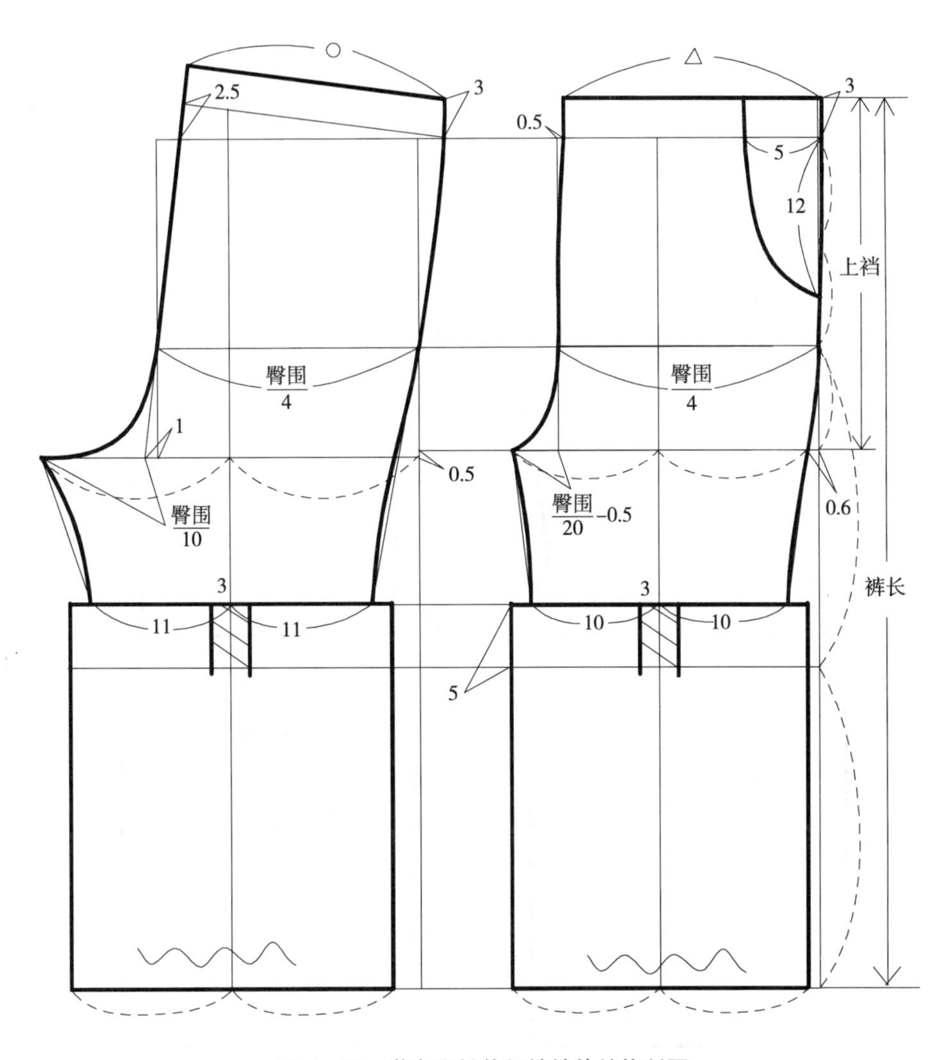

图 4 - 64　学童宽松休闲裤裤片结构制图

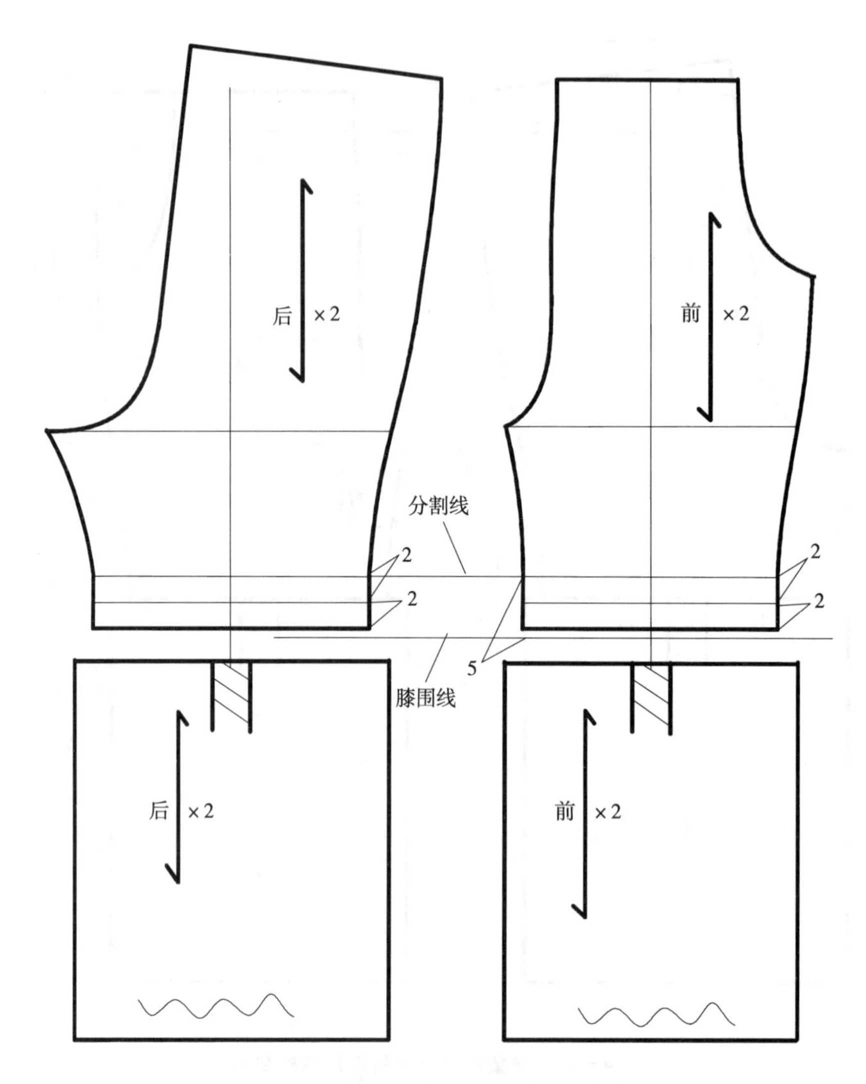

图 4-65　学童宽松休闲裤裤片结构轮廓线

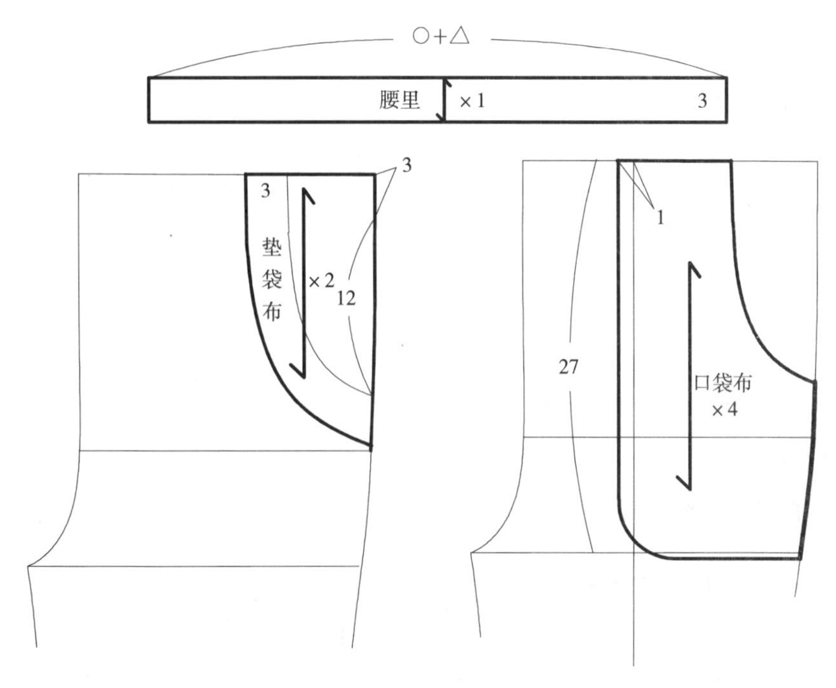

图 4-66　学童宽松休闲裤零部件结构制图

二、运动裤

此款式可采用厚实的双面针织面料，松紧腰头，斜插袋，臀部宽松，裤口较紧窄，款式如图 4-67 所示。

1. 款式设计图

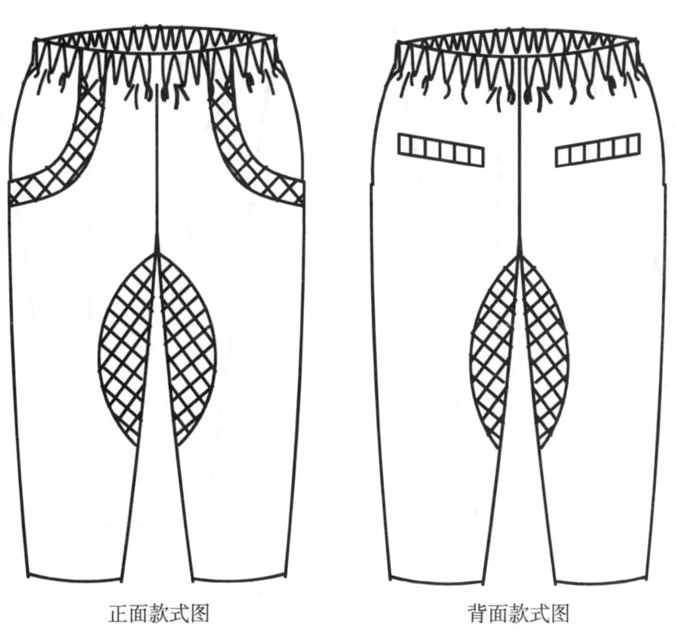

图 4-67　学童运动裤款式图

2. 结构尺寸表

学童运动裤结构尺寸见表 4－11 所示，适合 5～11 岁学童穿着。

表 4－11　学童运动裤结构尺寸表　　单位：cm

身高	裤长	臀围	腰围（车松紧后）	上裆长	裤口宽
110	60	74	49	25	11
120	67	79	52	27	11.5
130	74	84	55	29	12

3. 结构制图

学童运动裤结构制图以身高 120 cm 学童为例，如图 4－68、图 4－69 所示。

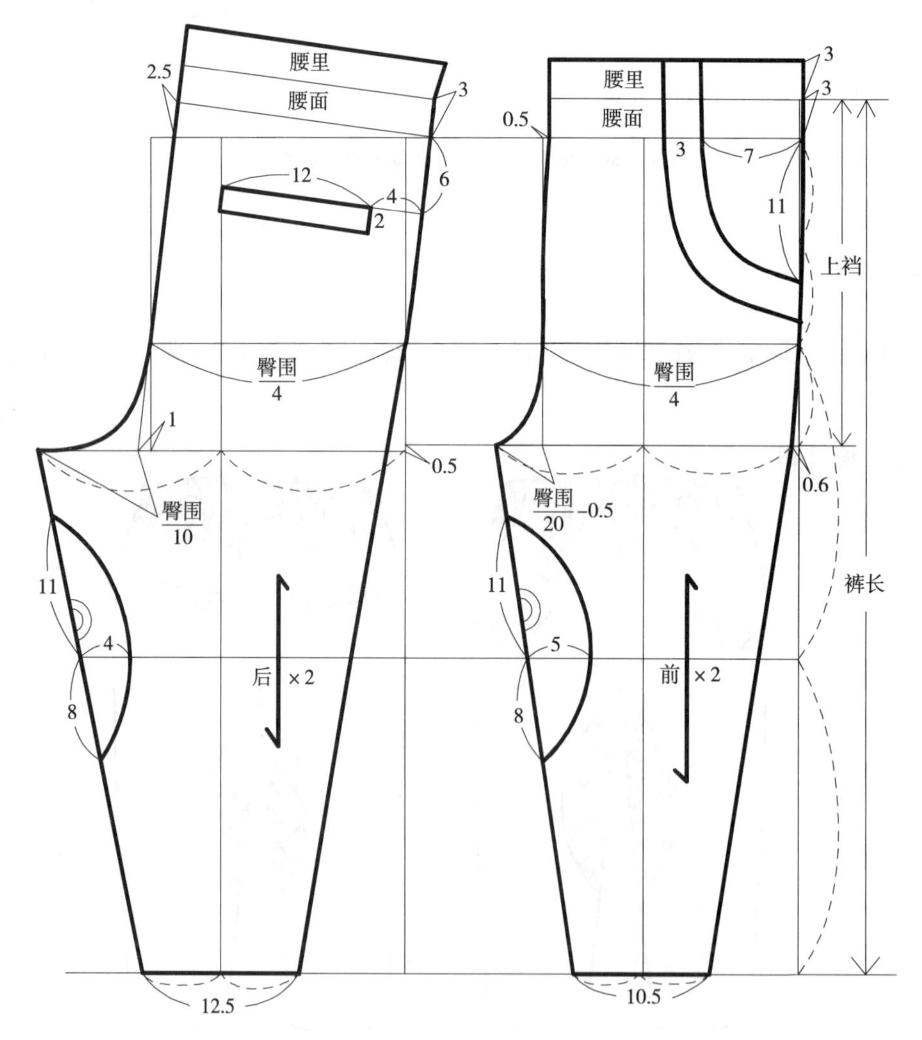

图 4－68　学童运动裤裤片结构制图

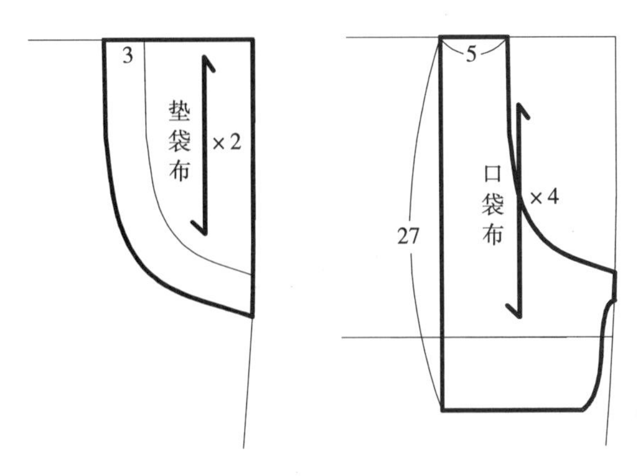

图 4-69　学童运动裤垫带布、口袋布结构制图

三、冬棉裤

此款冬棉裤可采用双层面料，外层可选择斜纹棉布、细帆布、纱卡布、条绒布等，里层布可选用针织剪绒布，或者棉与针织布绗缝。款式为较宽松的直筒裤，贴袋，膝盖处圆形贴缝加固，裤口折叠外翻，学童个子长高后可放下以满足裤长尺寸，款式如图 4-70 所示。

1. 款式设计图

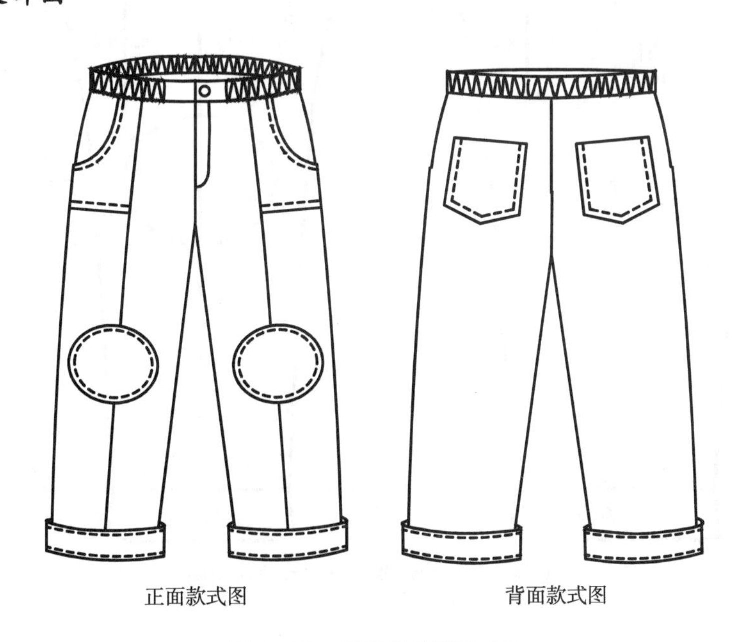

图 4-70　学童冬棉裤款式图

2. 结构尺寸表

学童冬棉裤结构尺寸见表 4-12，适合 5～11 岁学童穿着。

表 4-12 学童冬棉裤结构尺寸表

单位：cm

身高	裤长	臀围	腰围(车松紧后)	上裆长	裤口宽
110	61	75	50	24.5	14.5
120	68	80	53	26.5	15
130	75	85	59	28.5	15.5

3. **结构制图**

学童冬棉裤结构制图以身高 120 cm 学童为例，见图 4-71、图 4-72 所示。

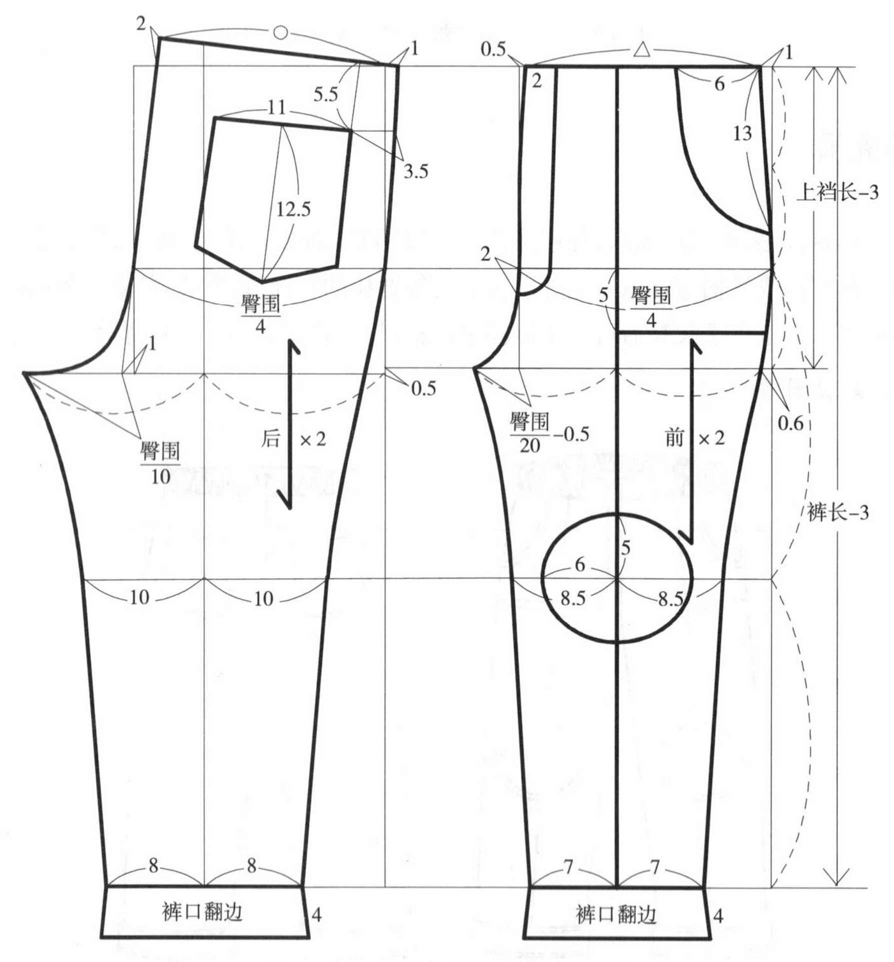

图 4-71 学童冬棉裤裤片结构制图

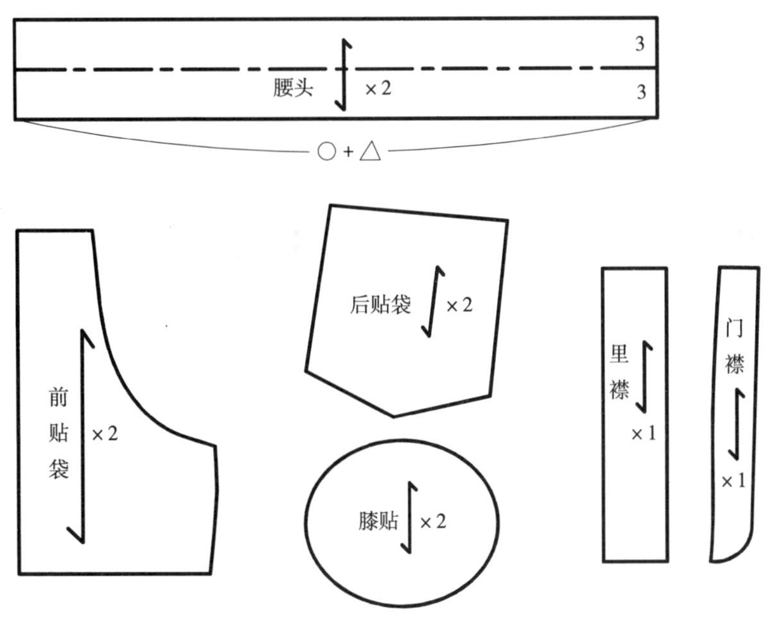

图 4-72 学童冬棉裤零部件结构制图

本章小结

- ■ 学童装设计的要素，包括款式、色彩、材料的设计与应用。
- ■ 学童上装中女短袖衬衣、女长袖衬衣、男长袖衬衣、女夹克衫、男休闲西装、女棉服的设计与结构制图。
- ■ 女学童裙装中短裙、无袖连衣裙、短袖连衣裙的设计与结构制图。
- ■ 学童裤装中宽松休闲裤、运动裤、冬棉裤的设计与结构制图。

作业

1. 调研和总结学童装设计要注意哪些要素。
2. 完成至少四款不同类型的学童上装的设计与结构制图。
3. 完成至少三款不同类型的学童裙装的设计与结构制图。
4. 完成至少三款不同类型的学童裤装的设计与结构制图。

第五章　少年装设计与结构制图

知识点

- ◆ 少年装设计要素
- ◆ 少年上装设计与结构制图
- ◆ 少年裙装设计与结构制图
- ◆ 少年裤装设计与结构制图

◎ 教学目标：

1. 掌握少年装的设计要素；
2. 掌握少年上装常见款式的设计与结构制图；
3. 掌握少年裙装常见款式的设计与结构制图；
4. 掌握少年裤装常见款式的设计与结构制图。

◎ 教学重点：

常见少年装的款式设计与结构制图。

◎ 教学方法：

1. 引入法：如引入生活中的少年装来讲解款式设计与结构制图；
2. 讲授法与演示法相结合：如讲授演示各种少年装的款式设计与结构制图；
3. 实践法：如学生自己做制图练习。

第一节　少年装设计要素

一、款式

少年期一般指初中阶段及高中低年级阶段儿童，年龄大致在12～16岁。少年期基本上已脱离了幼儿期、学童期的幼稚心理，感性思维、理性思维都相对比较丰富、成熟。喜欢宽松简洁的运动休闲装、浪漫甜美的淑女装、帅气简练的时尚正装、随意舒适的针织衫。款式设计上不再喜欢具体刻意的图案装饰、夸张的仿生设计，而更多的则偏向成人装的成熟理性设计。下装腰部可继续采用全围松紧，或前门襟，侧腰装松紧。无领型、平领、翻立领、西装领在少年装上衣设计中都很常见，一片袖、两片袖在休闲装、正装中体现，口袋也以实用性为主。合体的裁剪、面料的抽褶堆叠、修身的造型等都是少年装常用的设计元素，如图5-1～图5-3所示。

图5-1　少女裙装

二、色彩

少年期对色彩的一个显著特点就是不大喜欢纯度太高的色彩，尤其不喜欢太艳的红色，而舒适、纯净的天蓝色、宝蓝色、粉蓝色、浅蓝色则是普通男、女少年都喜欢的色彩。白色、浅灰、银灰也是少年比较喜欢的色彩，还有浅紫色、枣红色、绿色、橙色、黄色等。

图 5-2　少女休闲时尚装

图 5-3　少男时尚正装、休闲装

三、面辅料

少年期服装比较接近成人服装，各种棉类、化纤类面料都常使用。全棉的，譬如帆布、棉卡其、牛仔布等。帆布通常为全棉平纹或斜纹的织物，质地厚实、吸湿性强、保暖性好、抗皱耐磨性好，非常适合制作少年期的休闲裤、夹克装等。各种耐磨舒适的牛仔面料也常在少年装中使

用，如牛仔裤、牛仔短裙、牛仔上衣等，弹力轻薄的牛仔面料也常用于制作高档裙装。光洁平整、纹路清晰、色泽艳丽、柔软紧密而富有弹性的各种精纺呢料，如华达呢、棉（毛）哔叽、贡呢、凡立丁、派立司都适宜制作少年装的西服套装、裙装等。粗纺呢料的呢身较厚实，保暖性好，手感柔和松软，粗壮的毛纱形成各型各色的花纹，如果表面有毛绒，则纹路变模糊。粗纺呢料如大衣呢、麦而登、粗花呢、制服呢、驼绒等，适合做少年装的大衣、外套、冬裤等。做工精良、式样美观、穿着舒适、安全实用、各种颜色组成不规则图案的迷彩服也是少年装常用的面料，如用以制作上衣、裤子、帽子等。流行广、悬垂效果好、手感柔软、穿着舒适顺滑、富有光泽、仿真丝效果好的色丁布也常用于少女裙装、衬衣、休闲裤等。各种纹理、花色的针织面料，柔软、舒适、拉伸性强、塑身效果好，常用于T恤、针织上衣、针织毛裙、针织外套等。还有各种厚实、手感柔软、保暖性好、色泽亮丽的仿毛织物也是少年装常选用的面料，如用来制作罩衫、短大衣、马甲等。

图 5-4　全棉平纹布

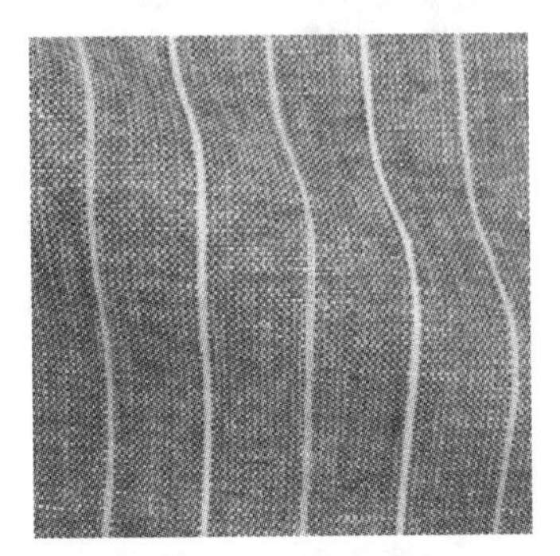

图 5-5　棉麻色织布

图 5-6　全棉磨毛斜纹布

图 5-7　粗纺棉毛呢

图 5-8　精纺毛涤

图 5-9　人字呢

图 5-10　雪花毛呢

图 5-11　细帆布

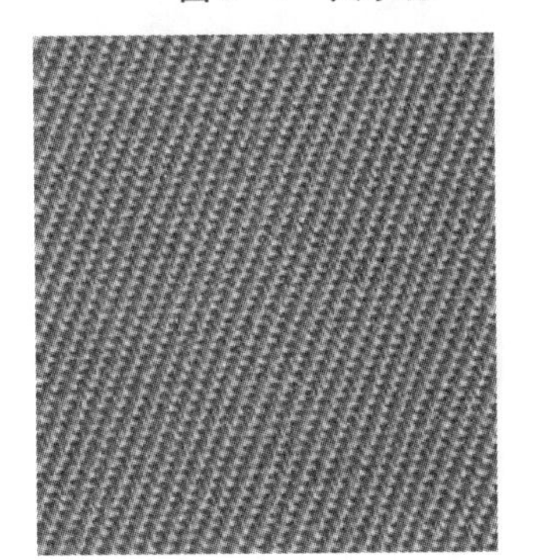

图 5-12　卡其布

图 5－13　立体雪纺

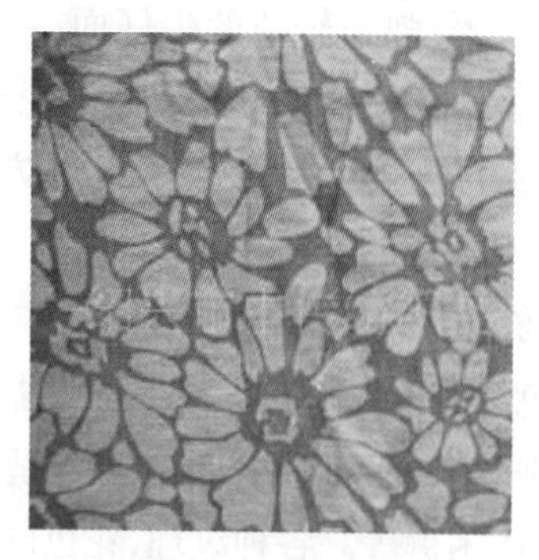
图 5－14　烂花布

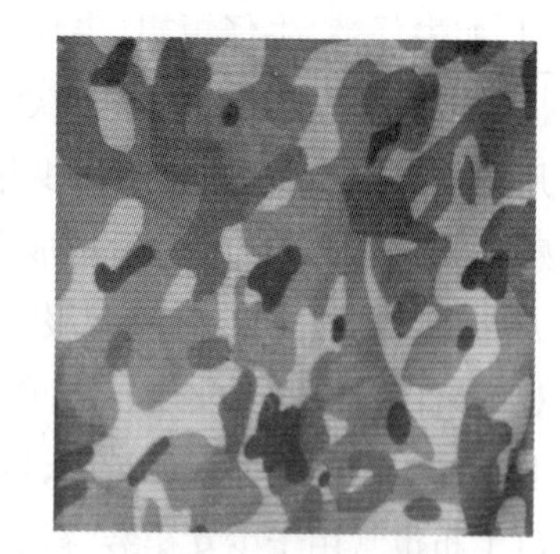
图 5－15　迷彩布

图 5－16　丝毛混纺布

图 5－17　涤纶色丁布(五枚缎)

图 5－18　涤纶涂层布

图 5－19　提花单色针织布

图 5－20　提花多色针织布

图 5－21　花边布

图 5－22　绣花布

图 5－23　短毛绒涤纶布

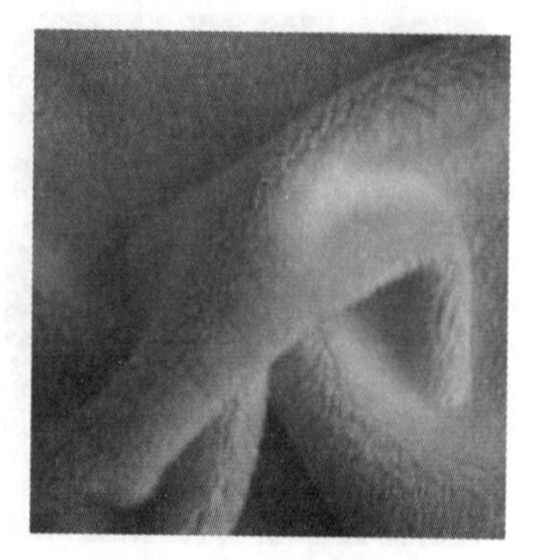
图 5－24　仿毛涤纶布

第二节　少年上装设计与结构制图

一、T 恤

此款少年 T 恤可采用全棉的针织汗布、针织罗圈布或者双面针织布，领口和肩部采用罗纹布，领口饰边可采用与主面料一样的面料。款式为宽松型、鸡心领、短袖、衣身上下分割，文字、图案装饰，款式如图 5－25 所示。

1. 款式设计图

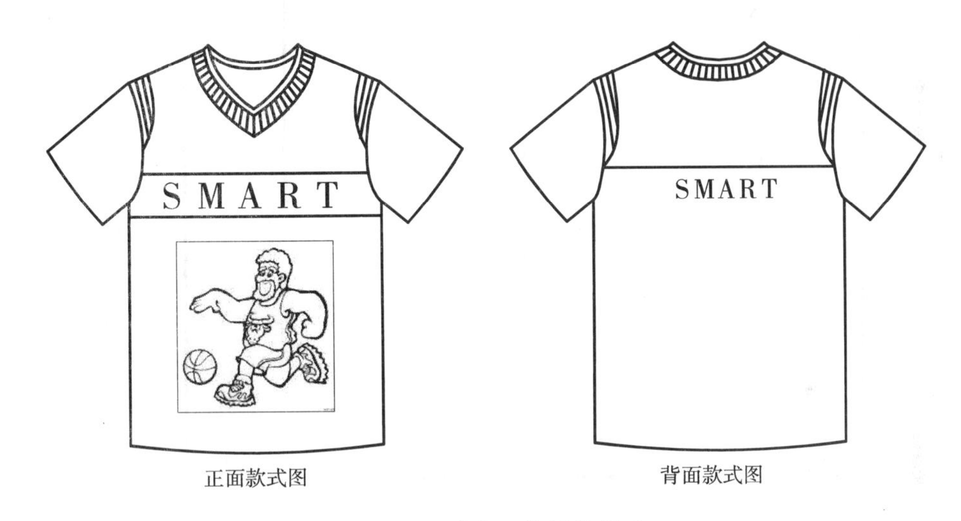

图 5－25　少年 T 恤衫款式图

2. 结构尺寸表

少年 T 恤结构尺寸见表 5－1，适合 12～16 岁少年穿着。

表 5－1　少年 T 恤结构尺寸表　　单位：cm

身高	衣长	胸围	肩宽	领围	袖长	袖口围
140	53	78	34	35.5	15	30
150	57	86	36.5	37	17	32.5
160	61	94	39	38.5	19	35
170	65	102	41.5	40	21	37.5

3. 结构制图

少年 T 恤结构制图以身高 150 cm 少年为例，如图 5－26、图 5－27 所示。

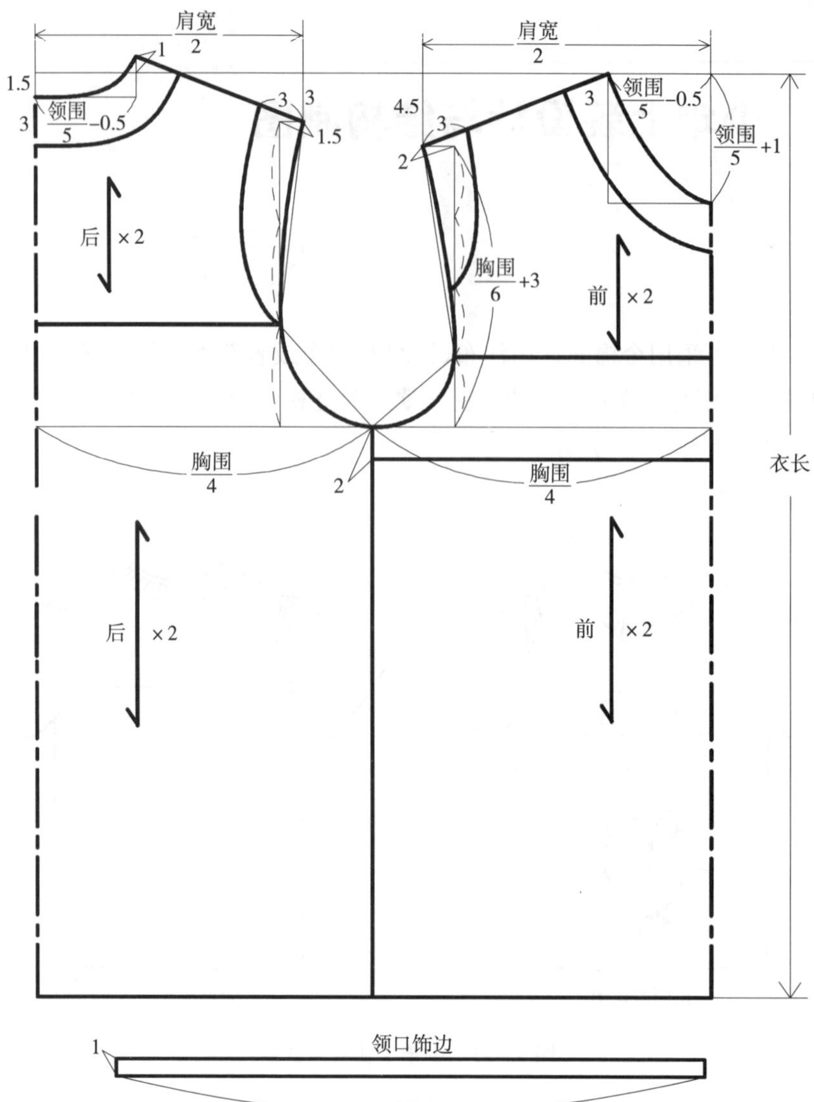

图 5-26　少年 T 恤衣片结构制图

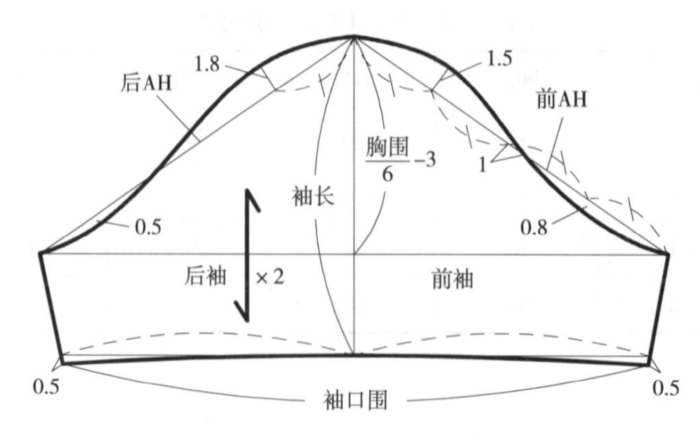

图 5-27　少年 T 恤袖片结构制图

二、少女长袖衬衣

此衬衣可采用纯棉印花平纹布或者高档的丝毛混纺布。翻折领，前胸上段为压明线的褶裥，分割处饰花边，一片袖，袖口抽褶，贴袋，收腰合体，款式如图 5－28 所示。

1. 款式设计图

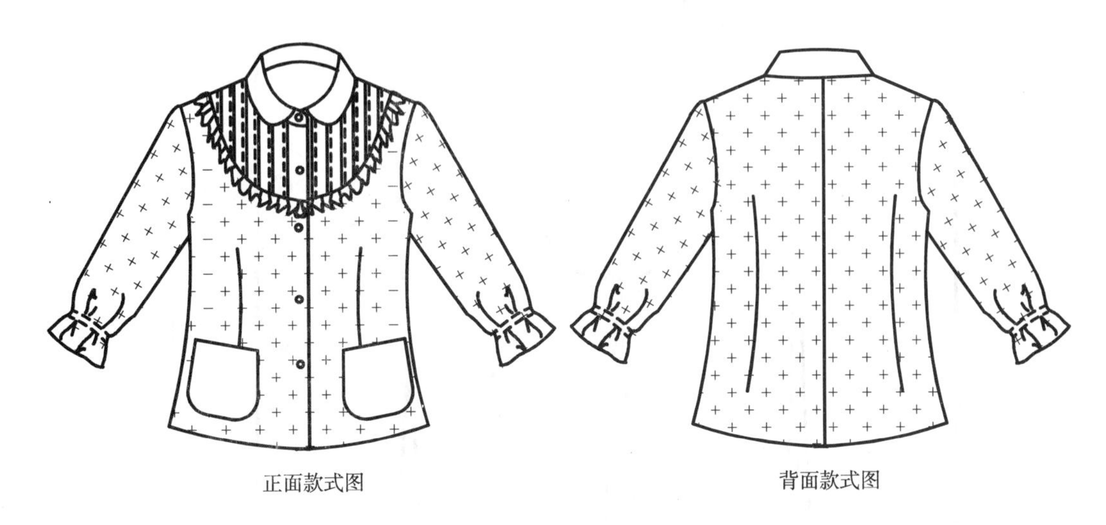

图 5－28　少女长袖衬衣款式图

2. 结构尺寸表

少女长袖衬衣结构尺寸见表 5－2，适合 12～16 岁少女穿着。

表 5－2　少女长袖衬衣结构尺寸表　　单位：cm

身高	衣长	腰节长	胸围	肩宽	领围	袖长	袖口围
140	53	35	76	34	32	45	28
150	57	37	84	36	34	48	30
160	61	39	92	38	36	51	32

3. 结构制图

少女长袖衬衣结构制图以身高 150 cm 少女为例，如图 5－29～图 5－32 所示。

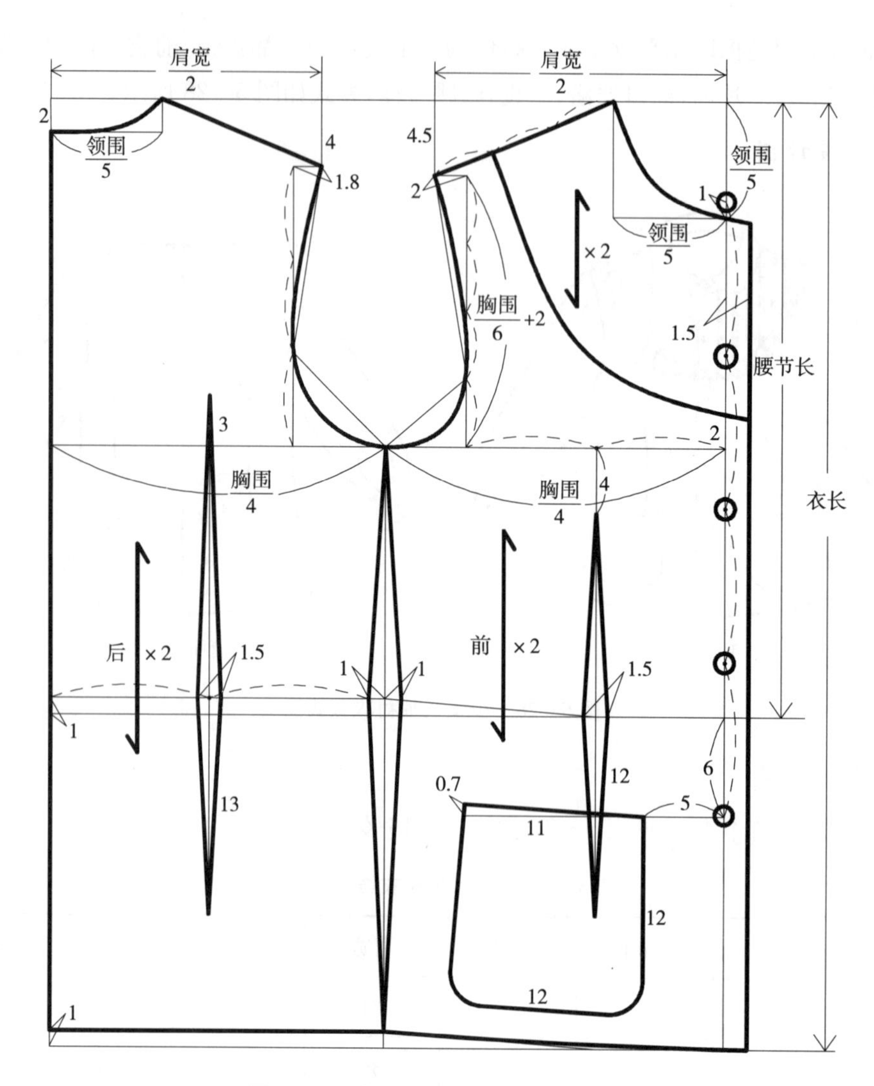

图 5-29 少女长袖衬衣衣片结构制图

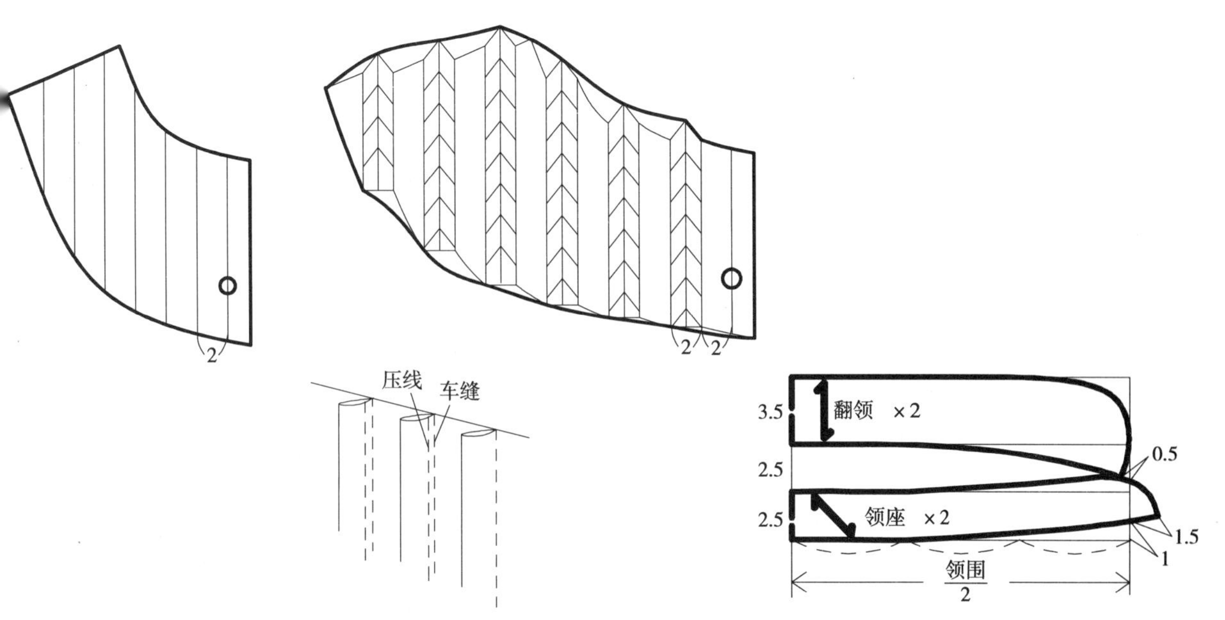

图 5－30　少女长袖衬衣前胸褶裥结构示意图

图 5－31　少女长袖衬衣领片结构制图

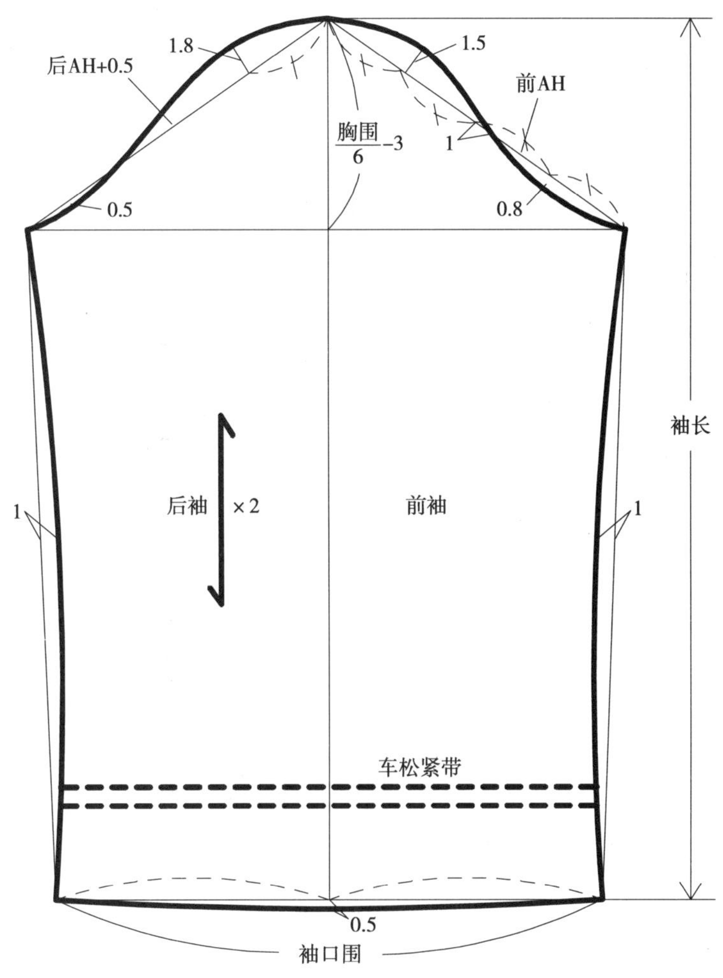

图 5－32　少女长袖衬衣袖片结构制图

三、少女马甲

此款马甲可采用毛涤西装面料或者涤棉卡其布，款式为长 V 领，收腰，前腰处设褶，后腰设扣襻，合体又时尚，款式如图 5－33 所示。

1. 款式设计图

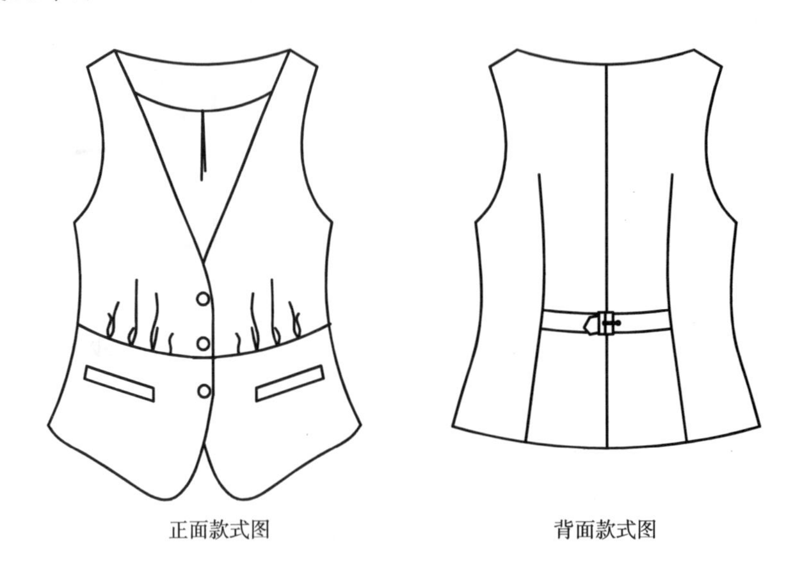

图 5－33　少女马甲款式图

2. 结构尺寸表

少女马甲结构尺寸见表 5－3，适合 12～16 岁少女穿着。

表 5－3　少女马甲结构尺寸表　　单位：cm

身高	前衣长	后衣长	腰节长	胸围	肩宽	半领宽
140	50	44	35	76	32	9
150	53	47	37	84	34	10
160	56	50	39	92	36	11

3. 结构制图

马甲结构制图以身高 160 cm 少女为例，如图 5－34～图 5－36 所示。

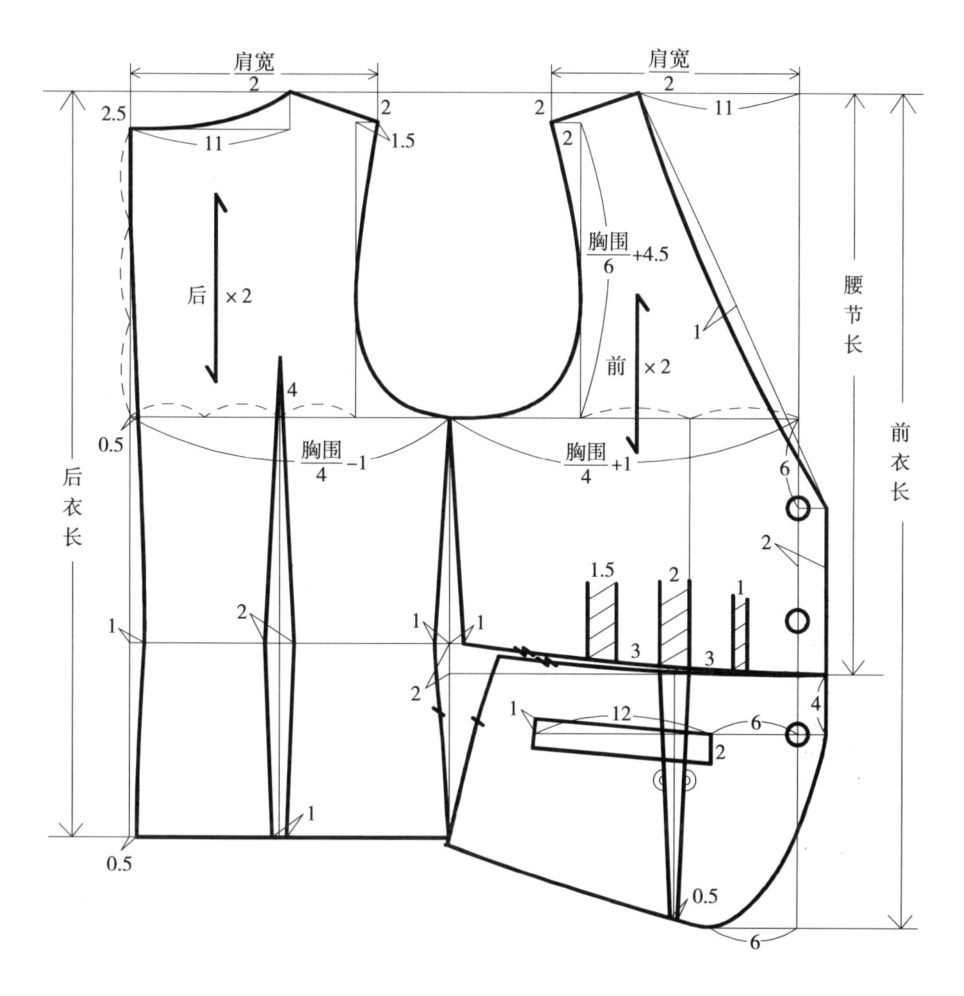

图 5-34　马甲衣片结构制图

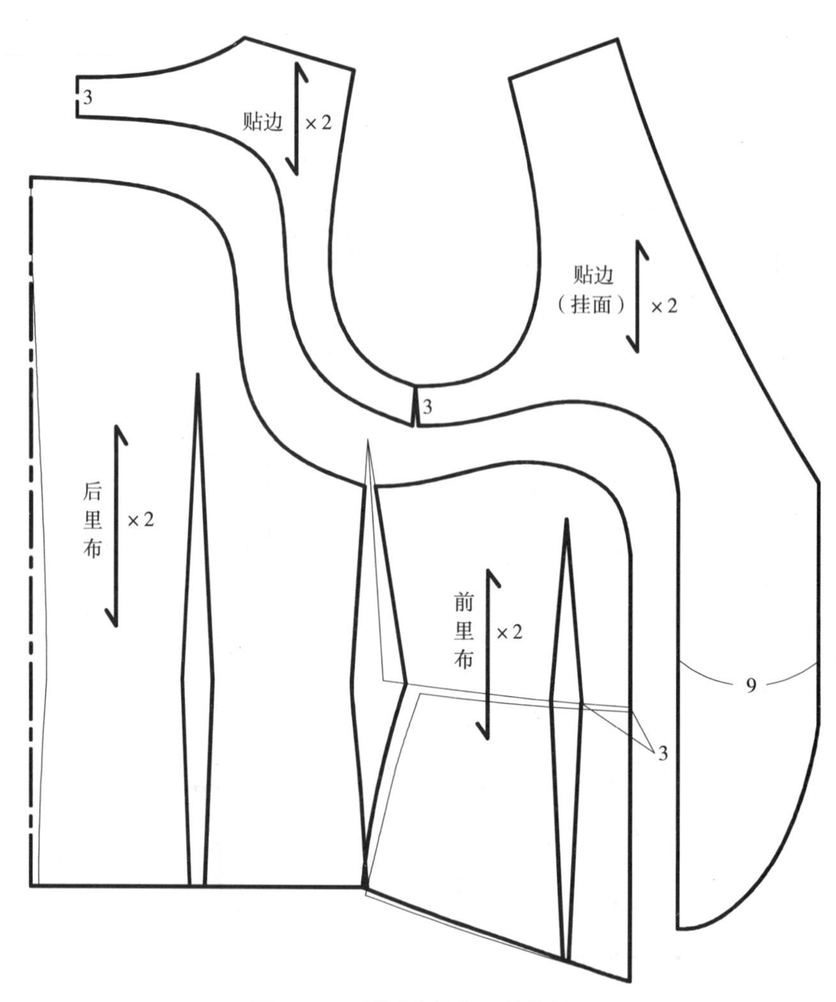

图 5－35　马甲衣片内里结构制图

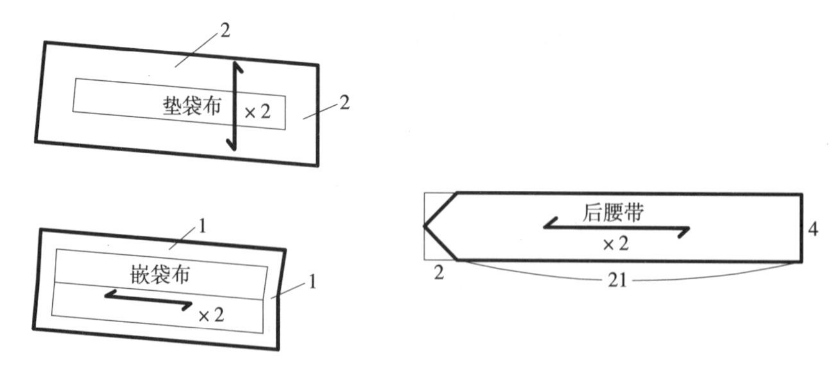

图 5－36　马甲零部件结构制图

四、少女春秋衫

此款宽松春秋衫可采用双层面料，面布可选用桃皮绒或锦纶、涤纶涂层面料，里布采用针织棉或细平布。款式为翻领，袖口、下摆用罗纹布收缩，袖中及肩部可贴缝一条装饰带，衣片可装饰些花边及其他图案，款式如图 5 - 37 所示。

1. 款式设计图

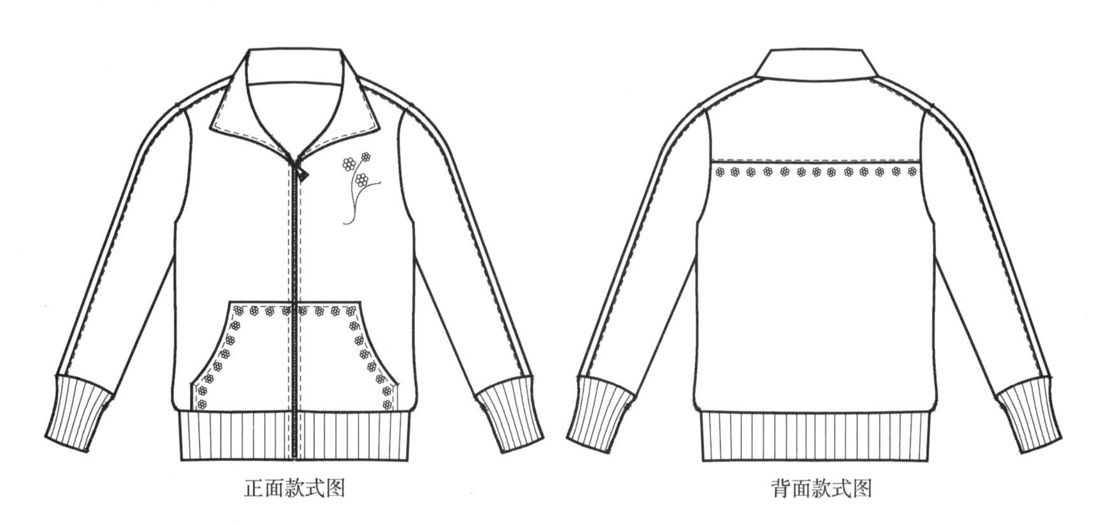

图 5 - 37　少女春秋衫款式图

2. 结构尺寸表

少女春秋衫结构尺寸见表 5 - 4，适合 12～16 岁少女穿着。

表 5 - 4　少女春秋衫结构尺寸表　单位：cm

身高	衣长	胸围	领围	肩宽	袖长
140	52	80	34	34	45
150	55	88	36	36	49
160	58	96	38	38	53

3. 结构制图（原型法）

春秋衫结构制图以身高 160 cm 少女为例，如图 5 - 38～图 5 - 43 所示。

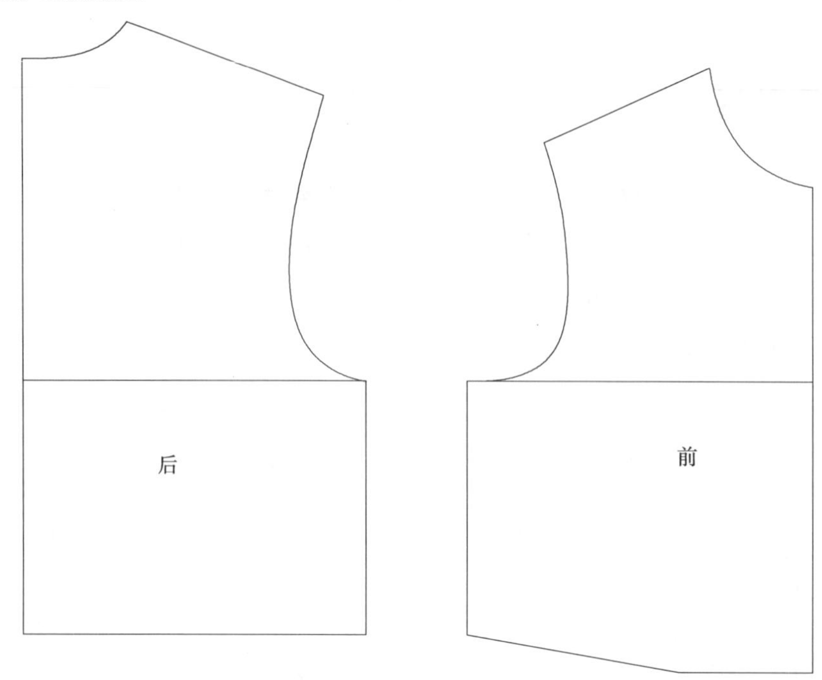

图 5-38　少女春秋衫衣片原型板获取

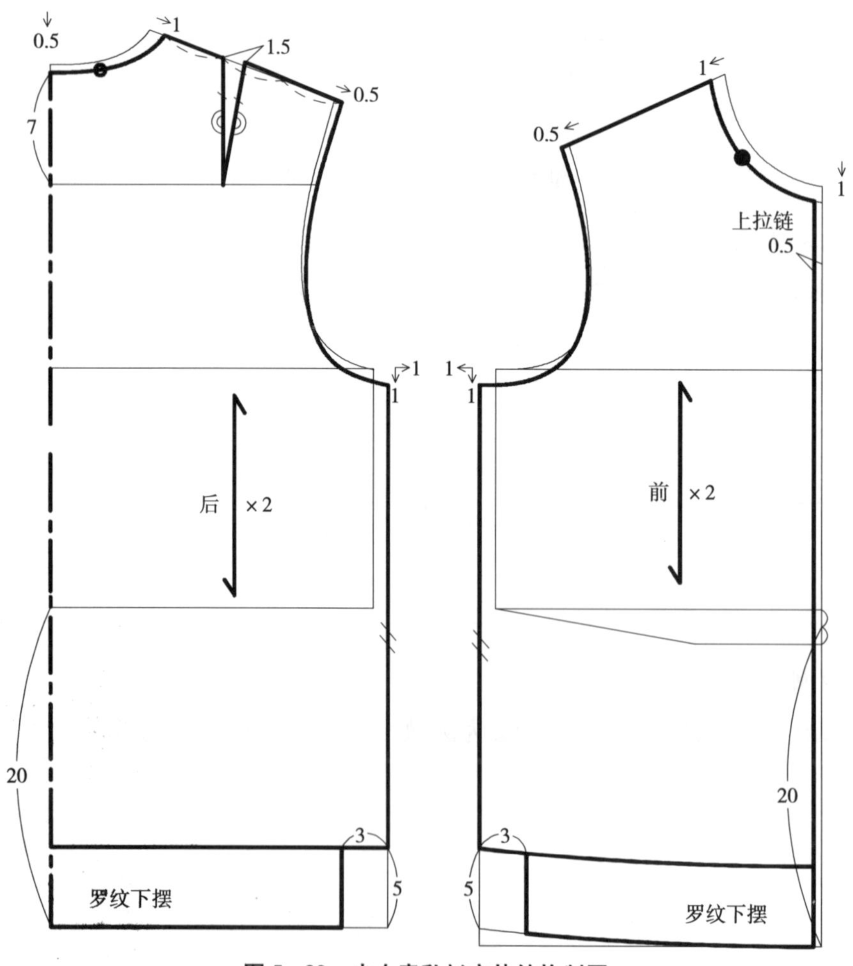

图 5-39　少女春秋衫衣片结构制图

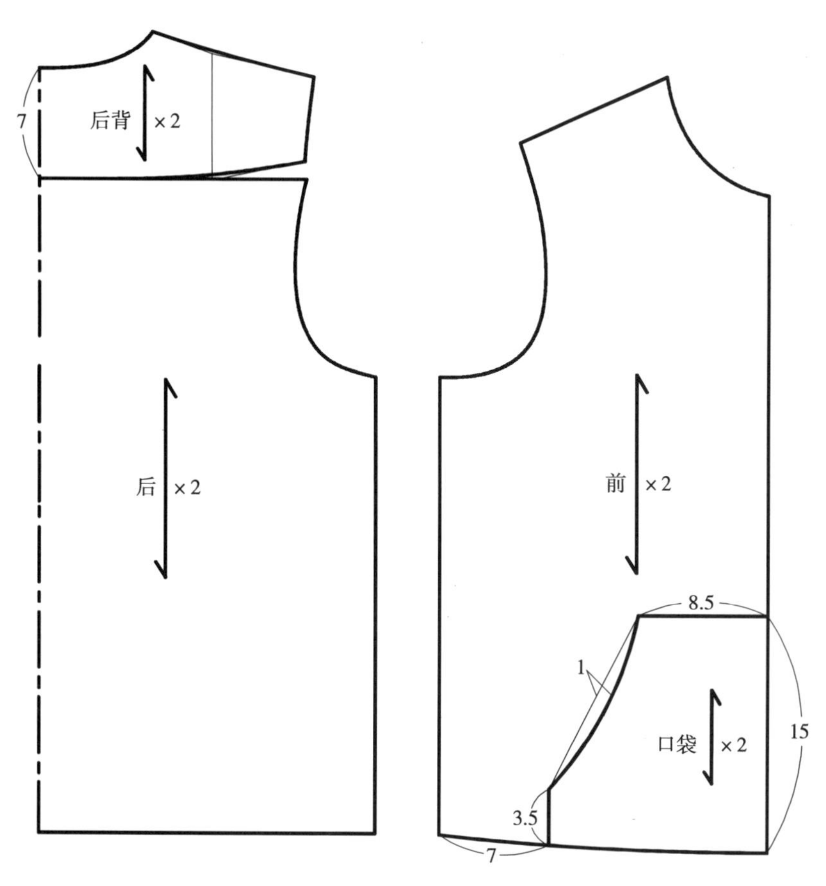

图 5－40　少女春秋衫后片分割及口袋制图

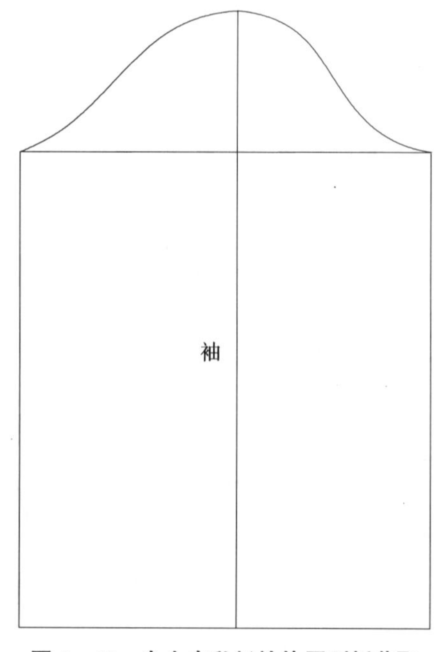

图 5－41　少女春秋衫袖片原型板获取

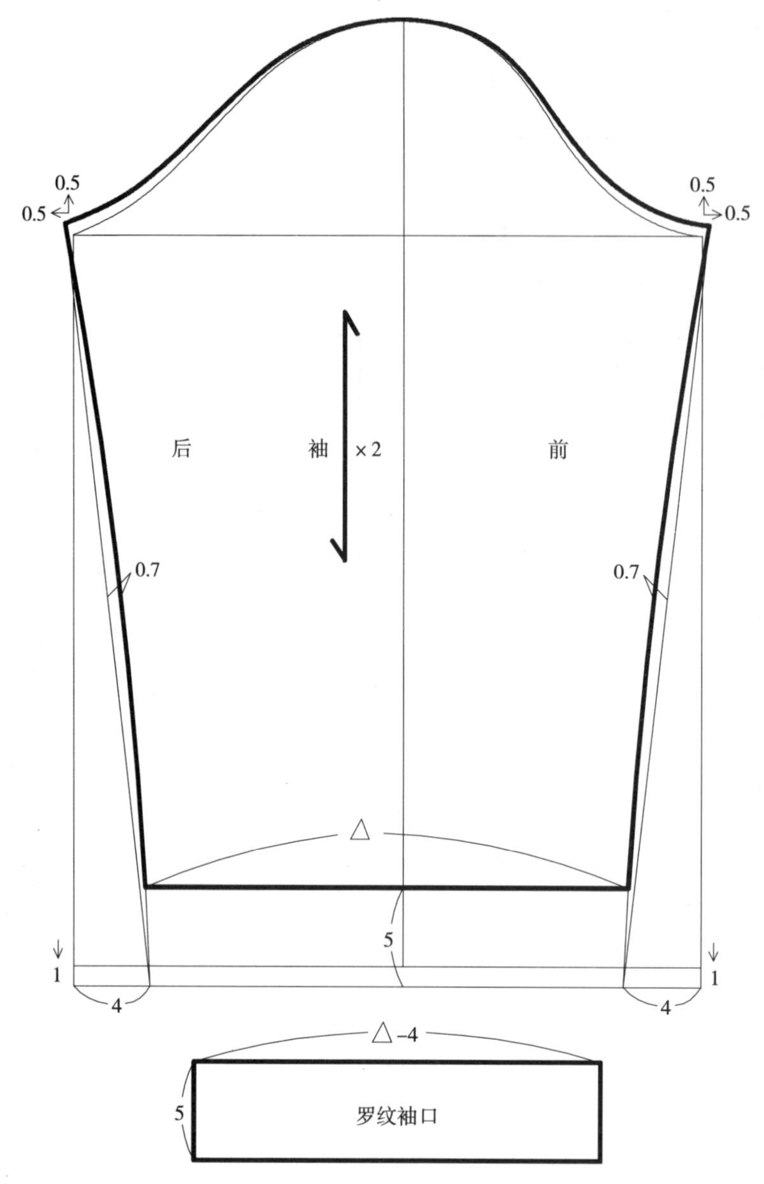

图 5-42　少女春秋衫袖片结构制图

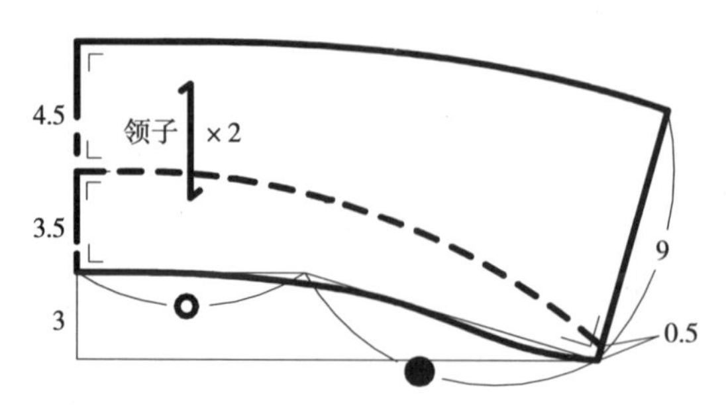

图 5-43　少女春秋衫领片结构制图

五、少女大衣

此款大衣可采用全棉斜纹磨毛布、涤棉花呢布或者粗纺棉毛布。翻折领，两片袖，双排扣，斜插袋，衣片分割收腰，合体，端庄大方，款式如图 5－44 所示。

1. 款式设计图

图 5－44　少女大衣款式图

2. 结构尺寸表

少女大衣结构尺寸见表 5－5，适合 12～16 岁少女穿着。

表 5－5　少女大衣结构尺寸表　　单位：cm

身高	衣长	腰节长	胸围	肩宽	领围	袖长	袖口围
140	67	35	80	33	35	50	26
150	72	37	88	36	37	53	28
160	77	39	96	39	39	56	30

3. 结构制图

此款大衣结构制图以身高 150 cm 少女为例，如图 5－45～图 5－47 所示。

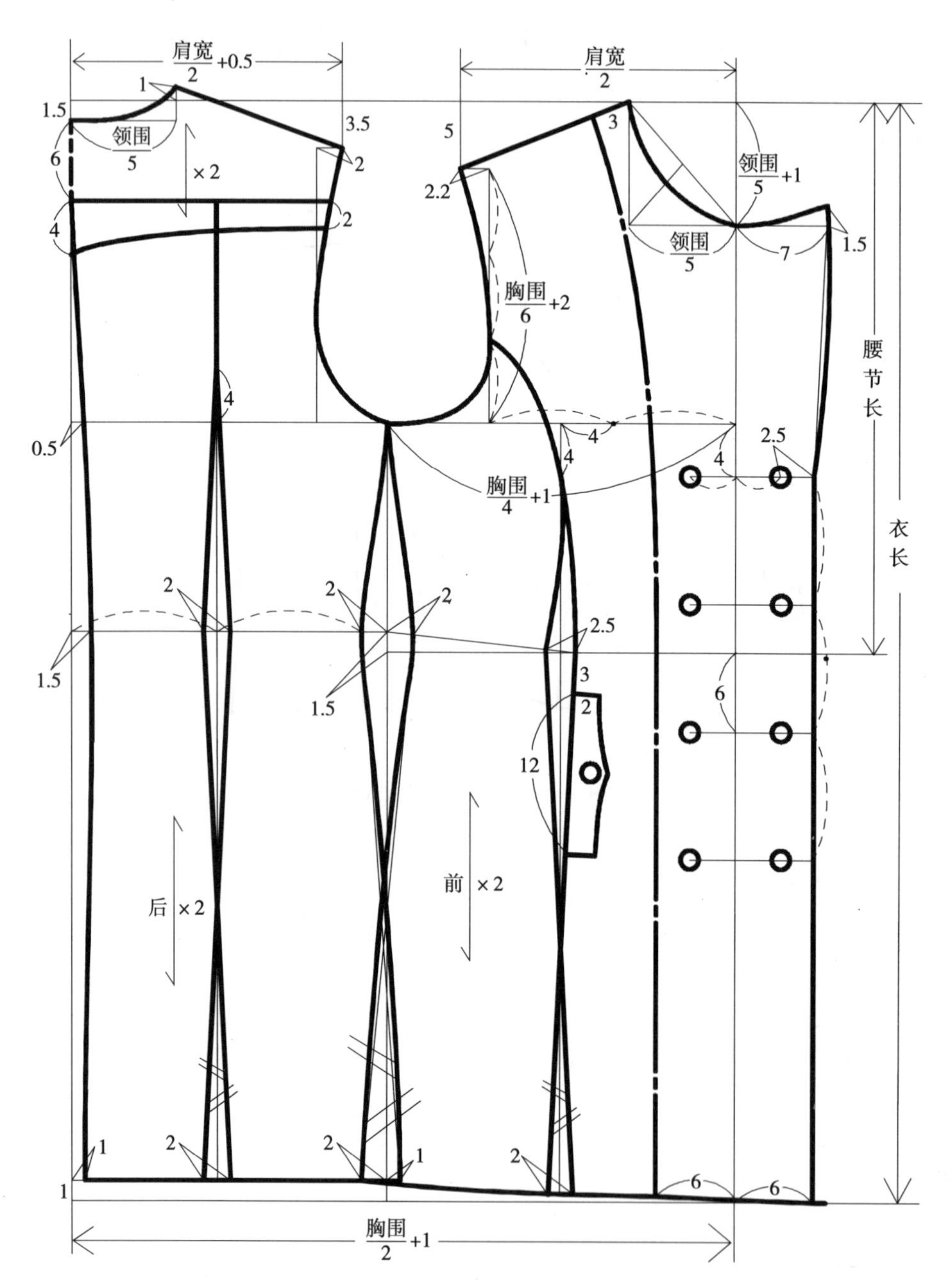

图 5-45　少女大衣衣片结构制图

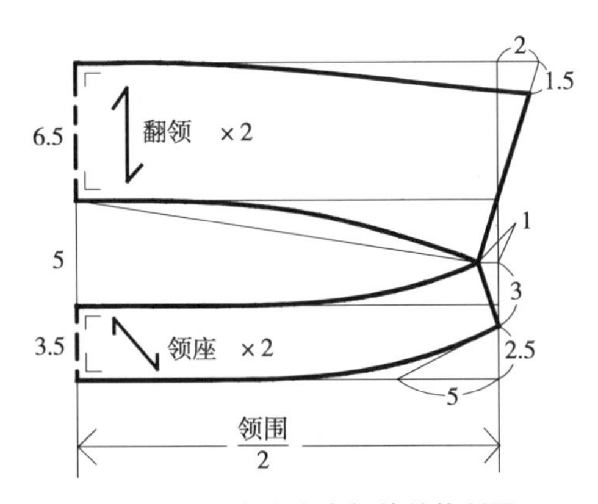

图 5-46　少女大衣领片结构制图

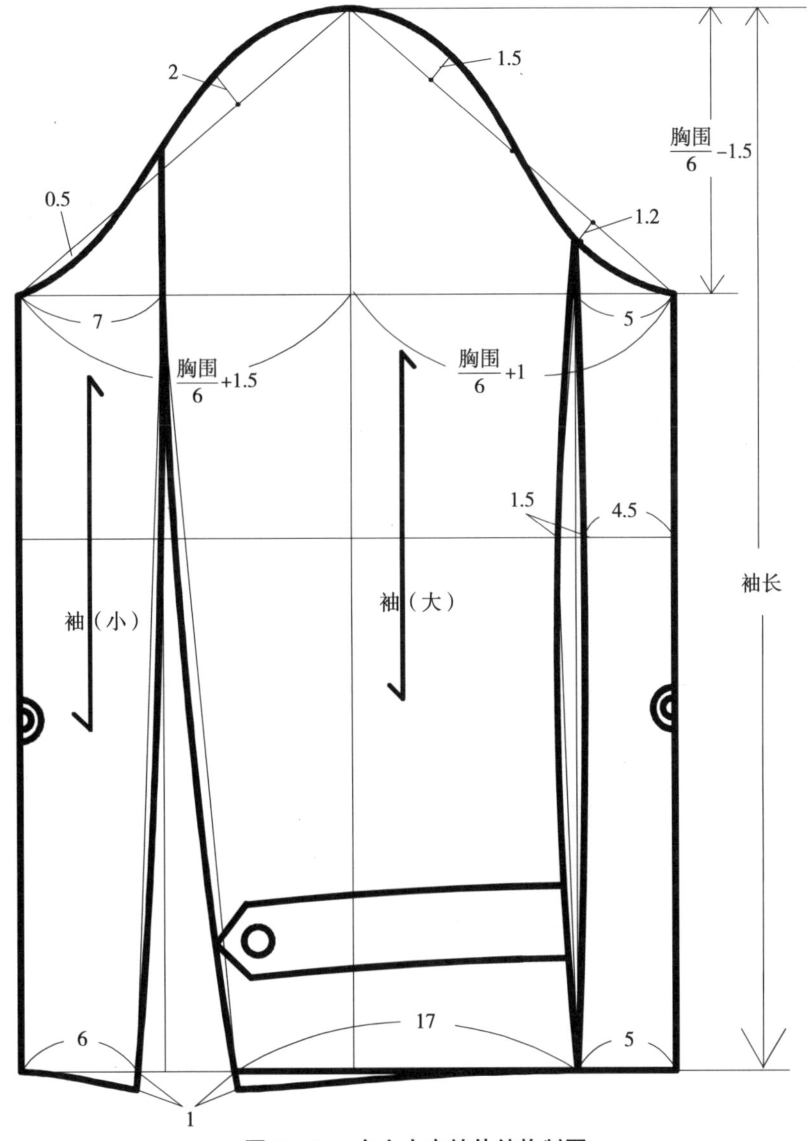

图 5-47　少女大衣袖片结构制图

第三节　少年裙装设计与结构制图

一、短裙

此款短裙可采用牛仔布或者细帆布。裙片分割，插片，车明线，开裤门襟，侧腰装松紧，款式如图 5－48 所示。

1. 款式设计图

图 5－48　少女短裙款式图

2. 结构尺寸表

少女短裙结构尺寸见表 5－6，适合 12～16 岁少女穿着。

表 5－6　少女短裙结构尺寸表　　单位：cm

身高	裙长	腰围(车松紧后)
140	30	62
150	32	65
160	34	68

3. 结构制图

此款短裙结构制图以身高 150 cm 少女为例，如图 5－49 所示。

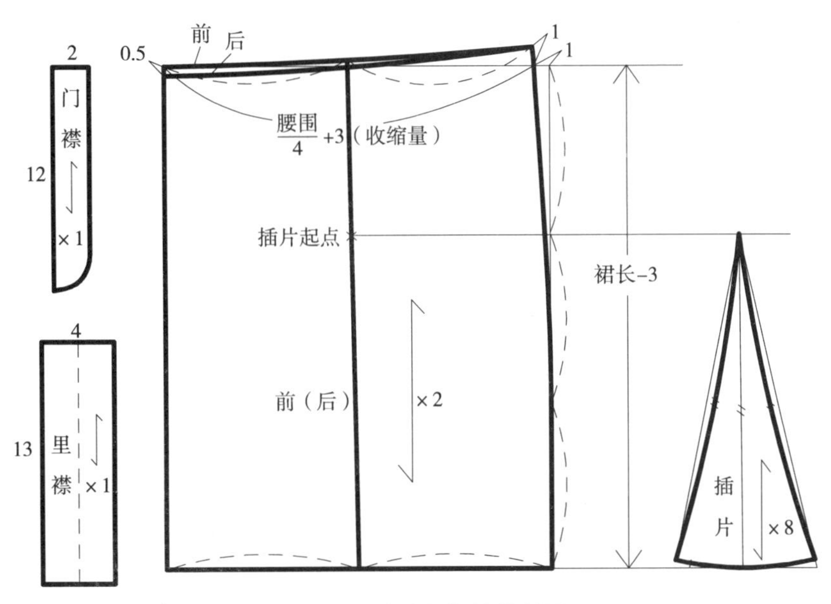

图 5－49　少女短裙结构制图

二、背带圆裙

此款裙子可采用薄型弹力牛仔布、全棉斜纹布或者雪纺布。裙身为 360°圆裙，下摆波浪层叠，长度可调节背带，侧腰装松紧，后腰装拉链，款式如图 5－50 所示。

1. **款式设计图**

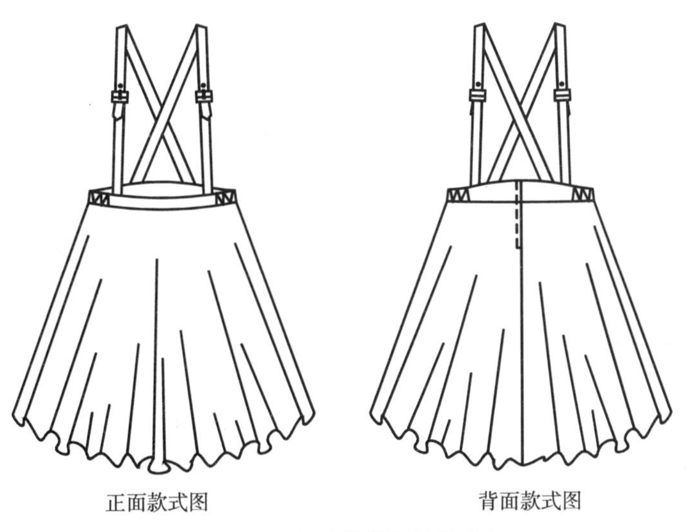

图 5－50　少女背带圆裙款式图

2. **结构尺寸表**

少女背带圆裙结构尺寸见表 5－7，适合 12～16 岁少女穿着。

表 5－7　少女背带圆裙结构尺寸表

单位：cm

身高	裙长（不包括肩带）	肩带长	腰围（车松紧后）
140	52	66	61
150	55	70	64
160	58	74	67

3. **结构制图**

此款背带圆裙结构制图以身高 150 cm 少儿为例，如图 5－51～图 5－53 所示。

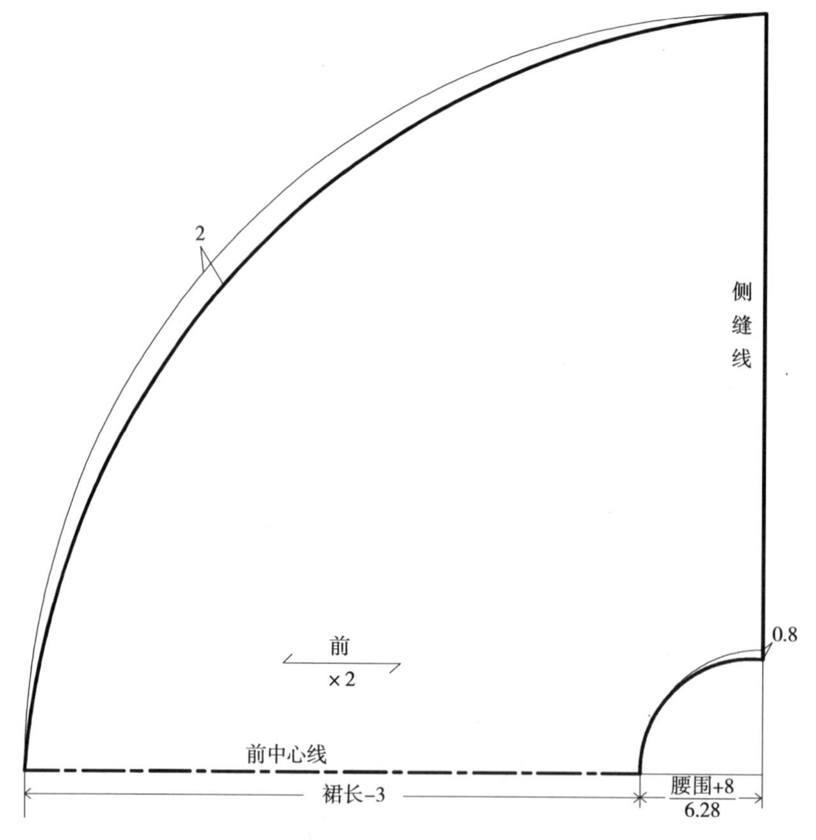

图 5－51　少女背带圆裙前片结构制图

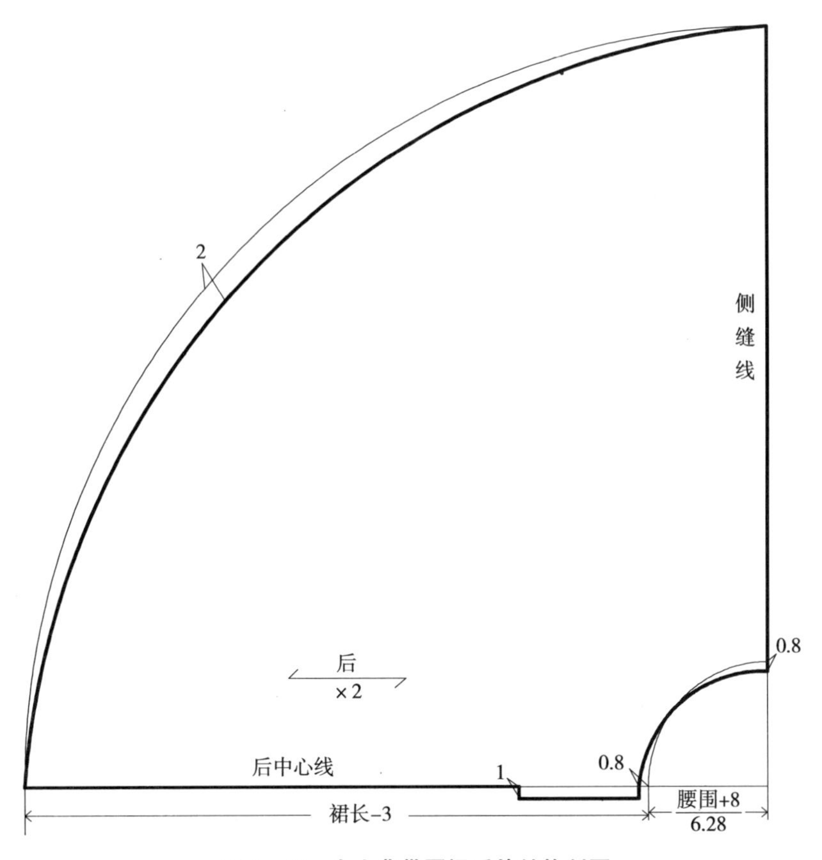

图 5－52　少女背带圆裙后片结构制图

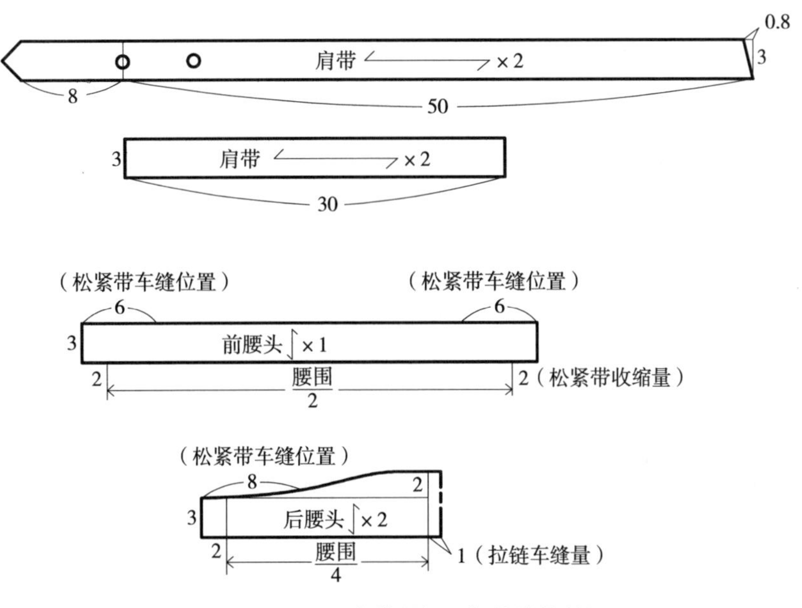

图 5－53　少女背带圆裙零部件结构制图

三、秋冬连衣裙

此款连衣裙可采用厚针织毛圈面料或者粗纺毛呢面料，也可采用不同面料拼接。上衣较紧身，下裙宽大，翻折领、公主线、泡泡长袖、腰身左侧缝开拉链，款式如图 5－54 所示。

1. **款式设计图**

图 5－54　秋冬连衣裙款式图

2. **结构尺寸表**

此款秋冬连衣裙结构尺寸见表 5－8，适合 12～16 岁少女穿着。

表 5－8　少女秋冬连衣裙结构尺寸表　　单位：cm

身高	裙总长	腰节长	胸围	腰围	肩宽	领围	袖长	袖口围
140	92	34	72	58	32	36	50	16
150	98	36	80	64	34	38	53	18
160	104	38	88	70	36	40	56	20

3. **结构制图**

此款秋冬连衣裙结构制图以身高 150 cm 少女为例，如图 5－55～图 5－58 所示。

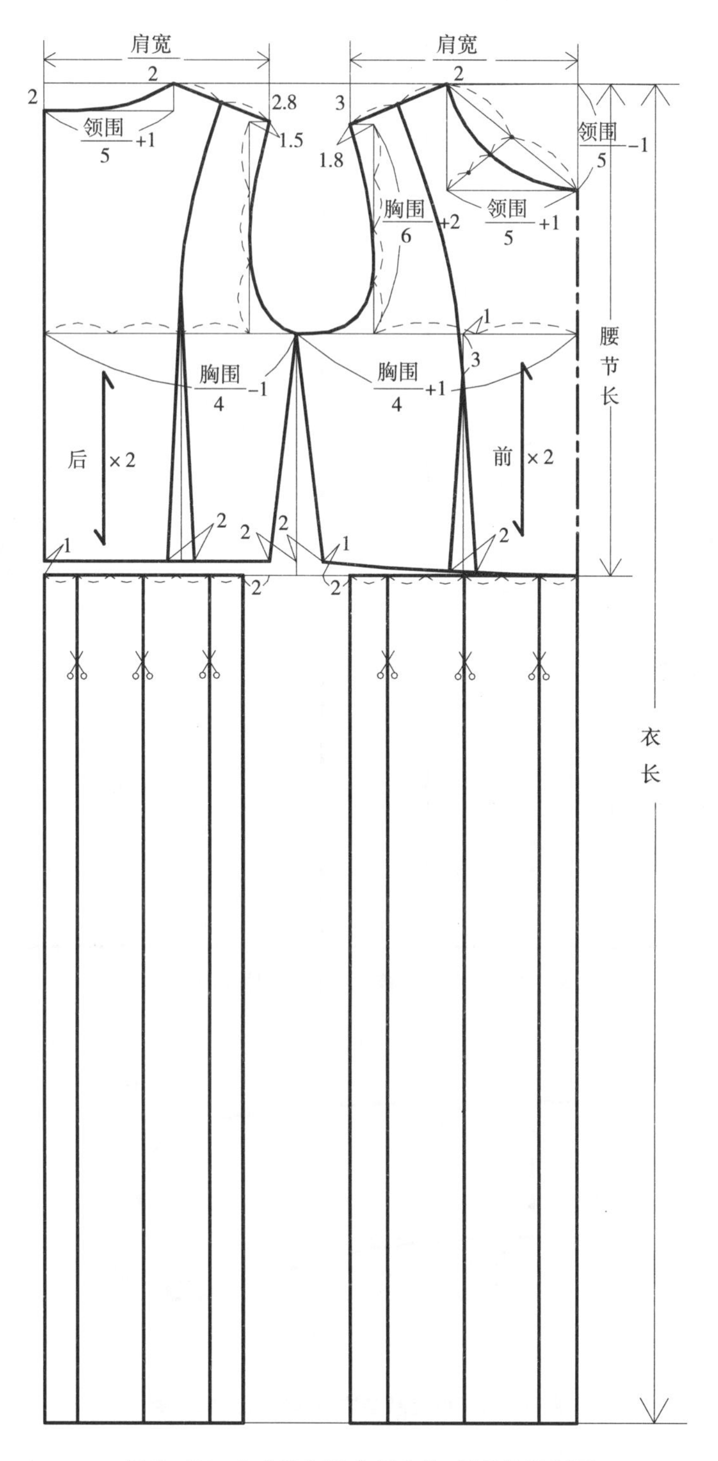

图 5 - 55　少女秋冬连衣裙衣片、裙片结构制图

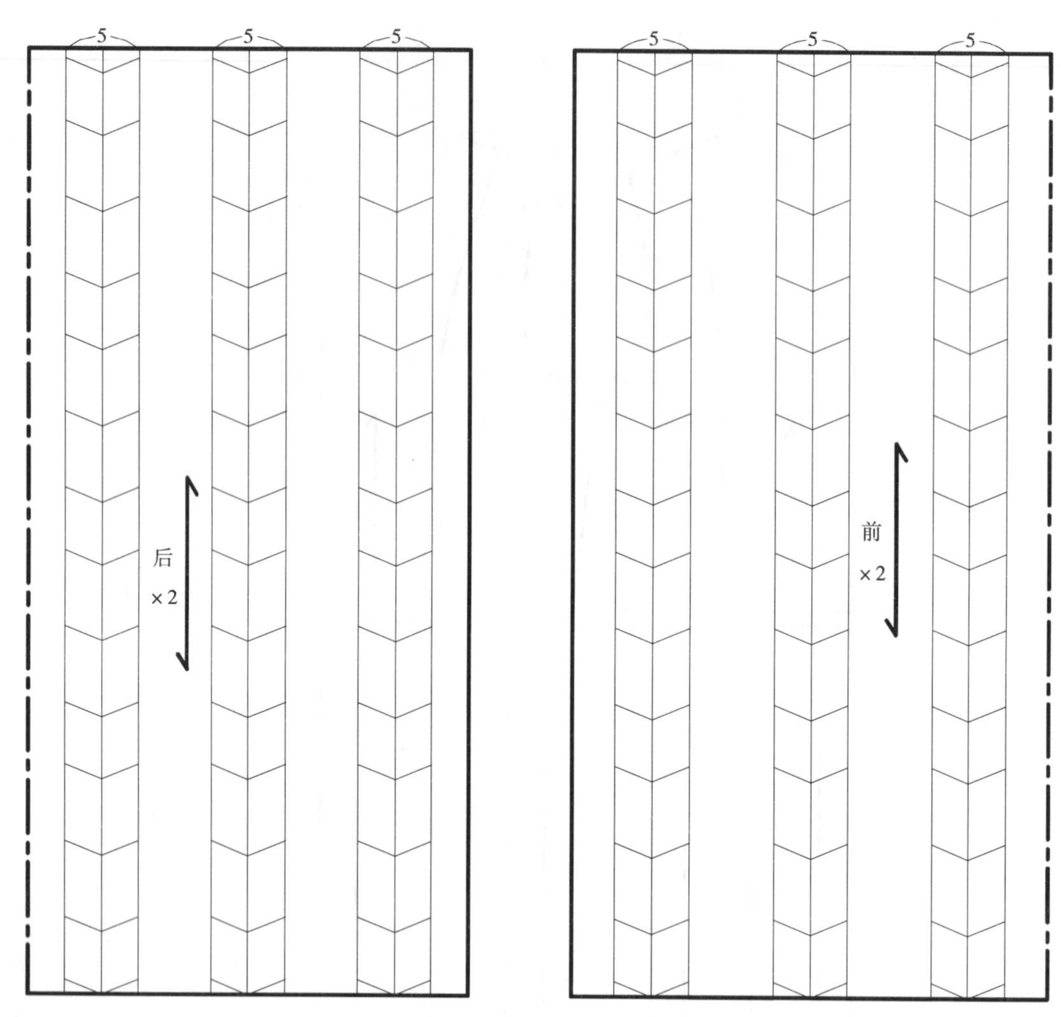

图 5-56　少女秋冬连衣裙裙片褶裥展开结构图

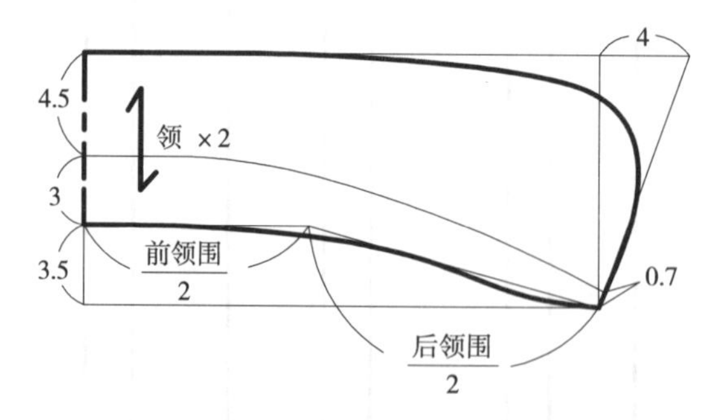

图 5-57　少女秋冬连衣裙领片结构制图

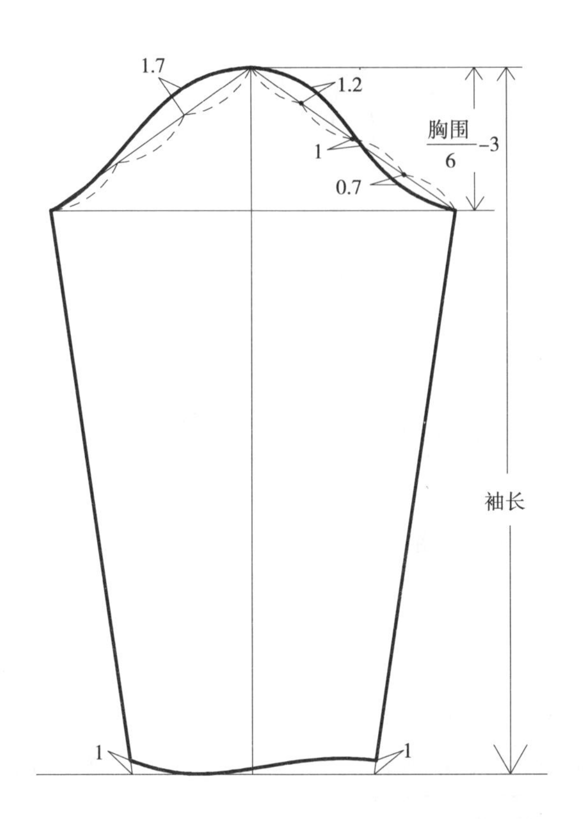

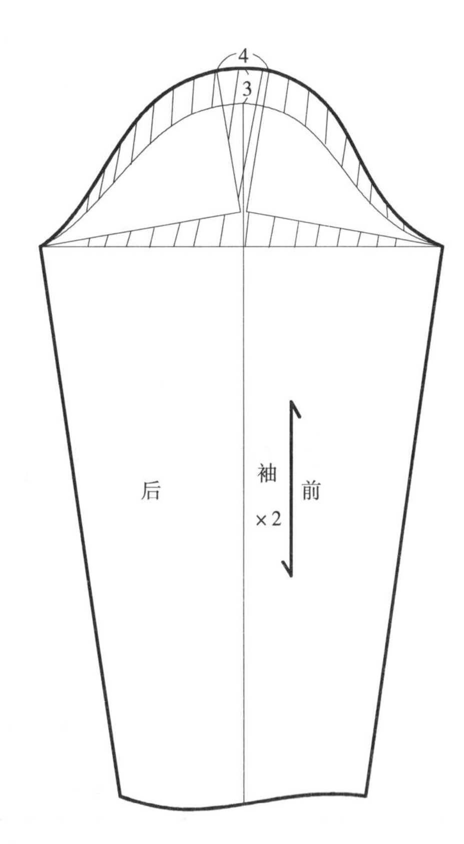

图 5-58　少女秋冬连衣裙袖片结构制图

第四节　少年裤装设计与结构制图

一、宽松中裤

此款中裤可采用全棉卡其布或薄型牛仔布，腰部装松紧，立体贴袋，裤脚翻边，整体风格宽松、简洁、舒适，款式如图 5-59 所示。

1. 款式设计图

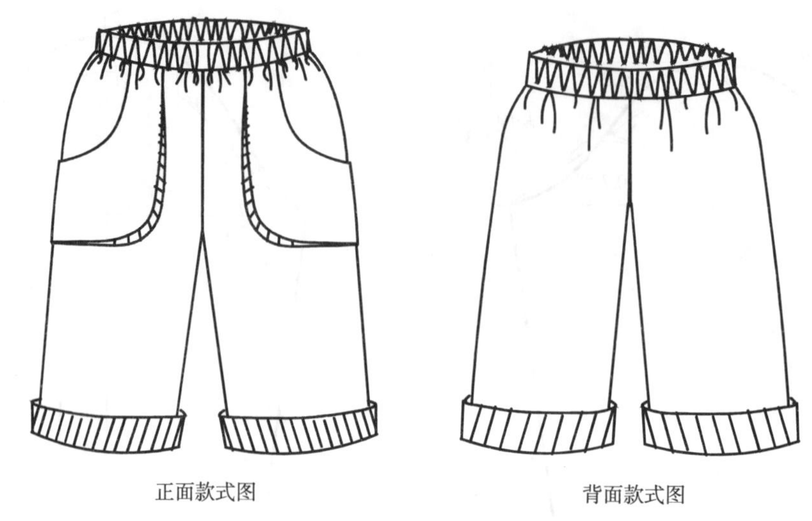

图 5-59 宽松中裤款式图

2. 结构尺寸表

此款中裤结构尺寸见表 5-9,适合 12～16 岁少年穿着。

表 5-9 少年宽松中裤规格尺寸表

单位：cm

身高	裤长	臀围	腰围(车松紧后)	上裆长	裤口宽
140	54	90	60	27	21
150	58	95	63	29	22
160	62	100	66	31	23

3. 结构制图

此款宽松中裤结构制图以身高 150 cm 少年为例,如图 5-60、图 5-61 所示。

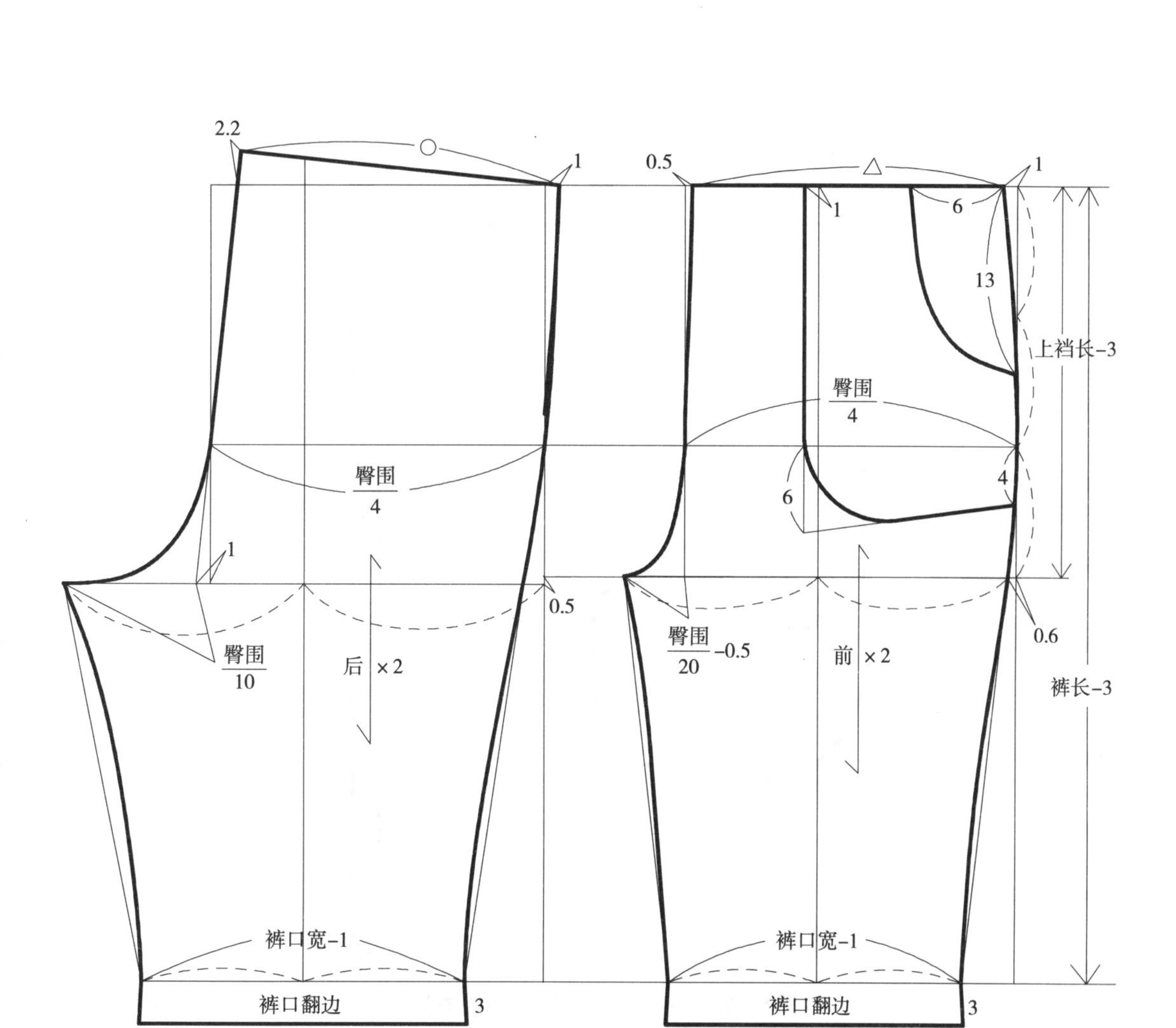

图 5 - 60　少年宽松中裤裤片结构制图

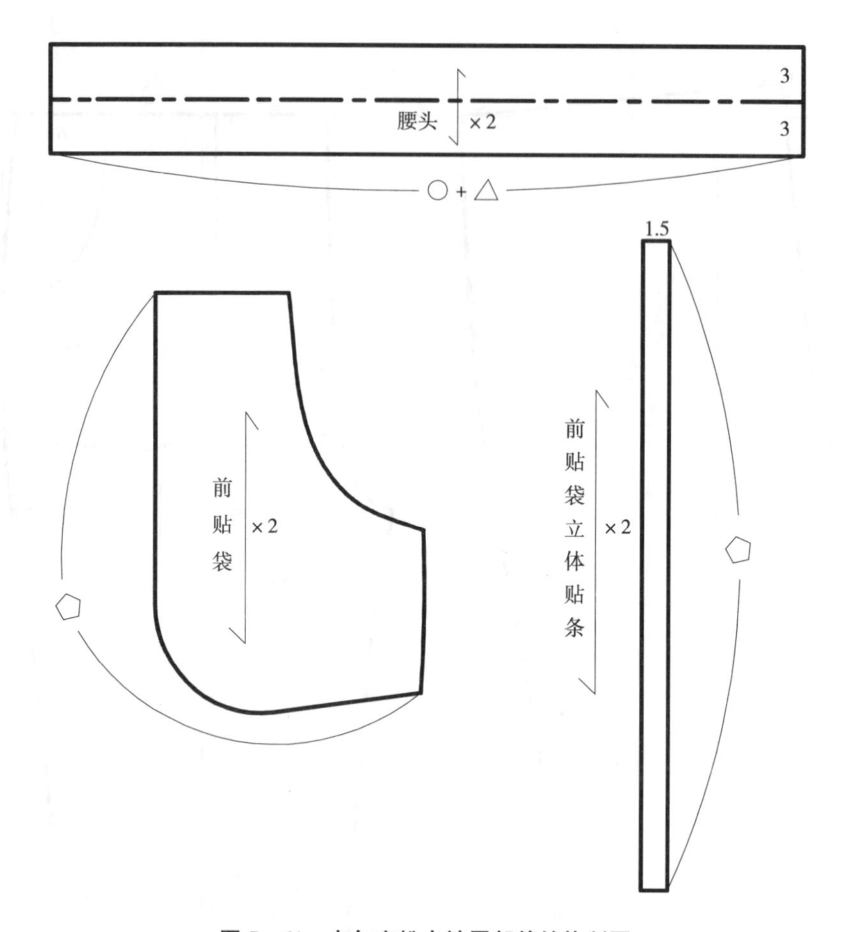

图 5-61　少年宽松中裤零部件结构制图

二、合体长裤

此款长裤采用全棉梭织面料，腰部松紧，前片内贴袋、车明线、绣花，后片明贴袋、绣花，裤脚侧边抽褶，蝴蝶结装饰，款式如图 5-62 所示。

1. **款式设计图**

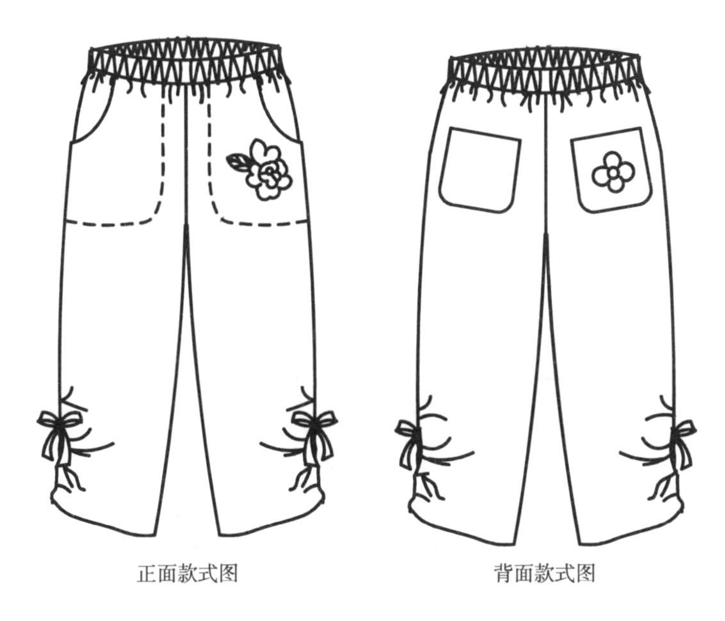

图 5-62 合体长裤款式图

2. **结构尺寸表**

此款合体长裤结构制图尺寸见表 5-10,适合 12～16 岁少女穿着。

表 5-10 少女合体长裤结构尺寸表 单位：cm

身高	裤长	臀围	腰围(车松紧后)	上裆长	裤口宽
140	81	82	58	26	17
150	88	88	61	28	18
160	95	94	64	30	19

3. **结构制图**

此款合体长裤结构制图以身高 150 cm 少女为例,如图 5-63、图 5-64 所示。

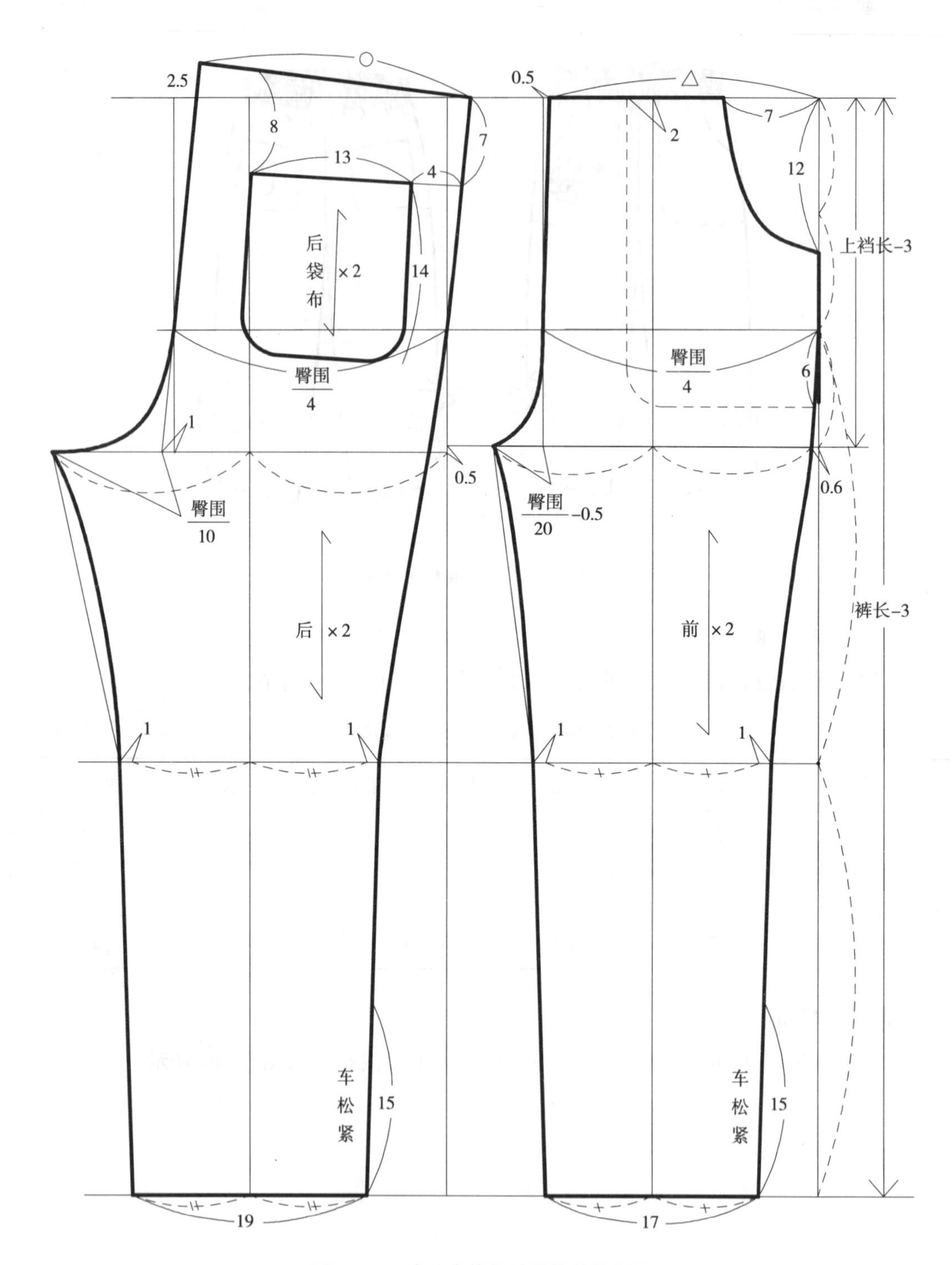

图 5-63 少女合体长裤裤片结构制图

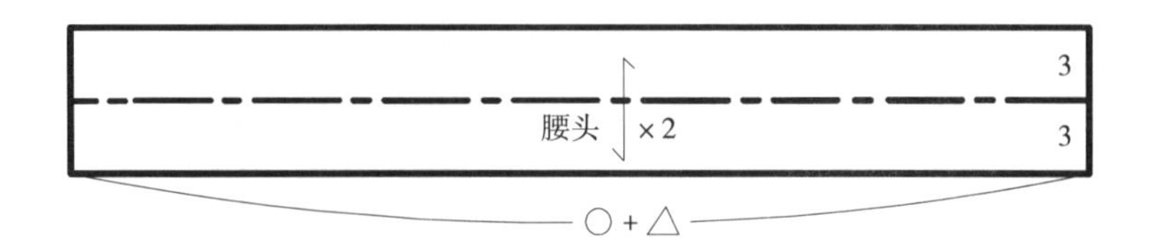

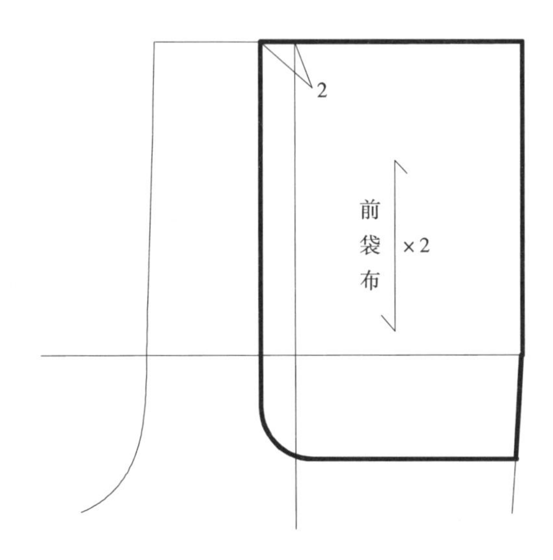

图 5－64 少女合体长裤零部件结构制图

三、秋冬长裤

此款秋冬长裤采用针织面料与梭织面料相拼接，裤身也可采用双层面料，保暖。梭织面料袋口、裤身下端打鸡眼做装饰，裤身可绣花。裤口针织面料穿着时也可向上折叠，款式如图 5－65 所示。

1. **款式设计图**

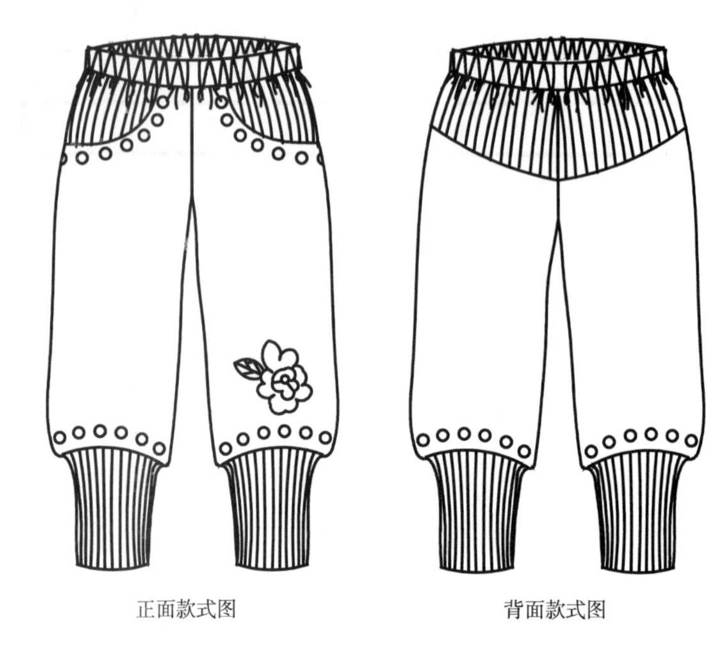

图 5-65　秋冬长裤款式图

2. **结构尺寸表**

此款秋冬长裤结构尺寸见表 5-11，适合 12～16 岁少女穿着。

表 5-11　少女秋冬长裤结构尺寸表　　单位：cm

身高	裤长	臀围	腰围(车松紧后)	上裆长	裤口宽
140	82	84	59	27	9
150	89	90	62	29	10
160	96	96	65	31	11

3. **结构制图**

此款秋冬长裤结构制图以身高 150 cm 少女为例，如图 5-66、图 5-67 所示。

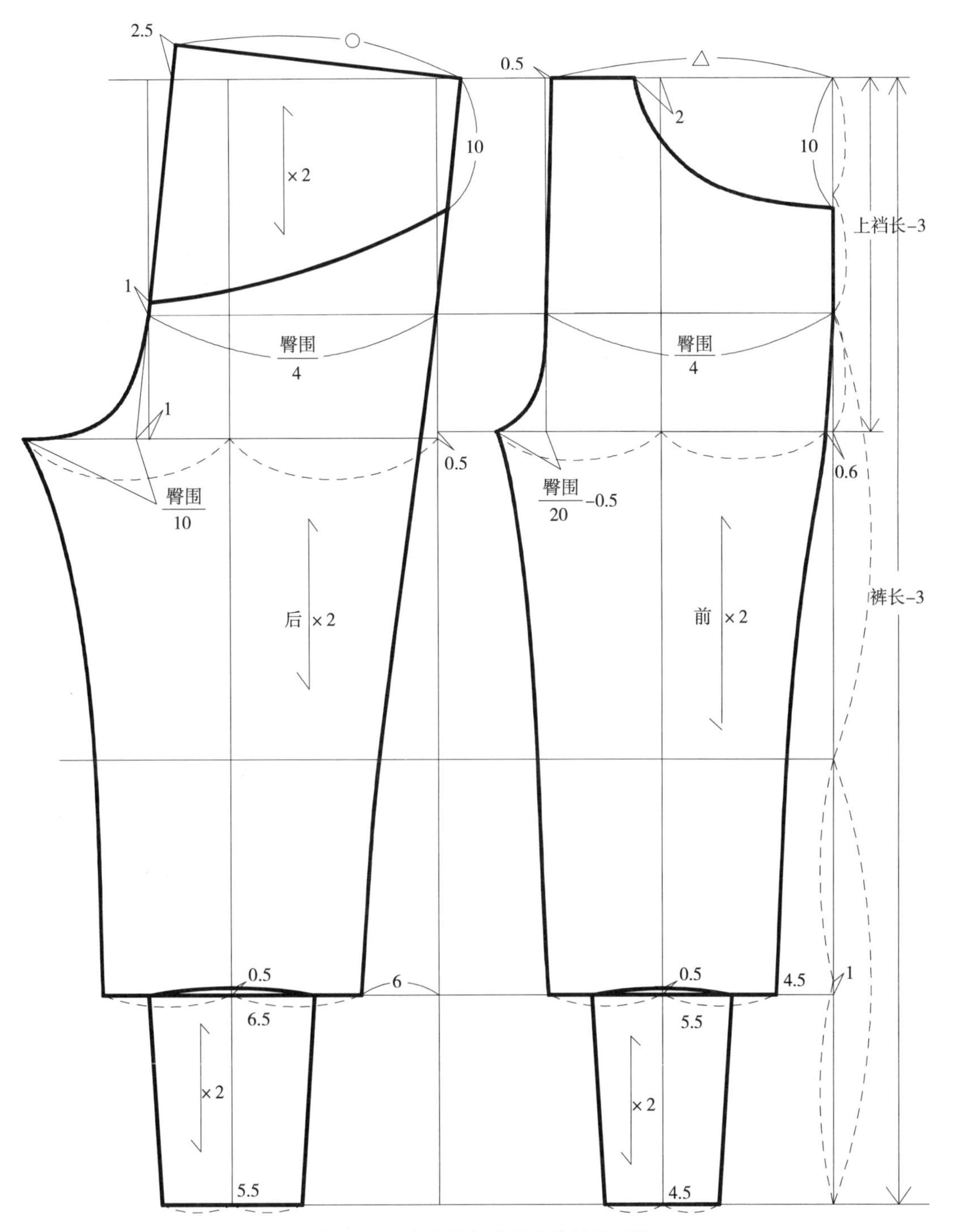

图 5-66 少女秋冬长裤裤片结构制图

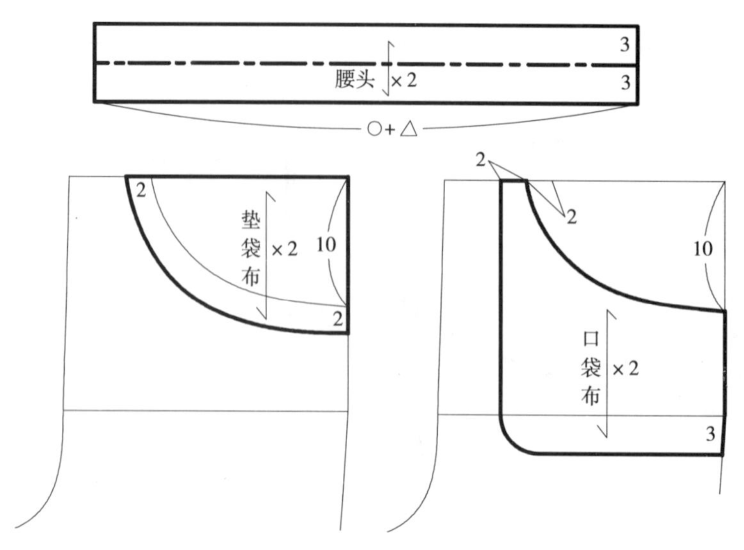

图 5-67　少女秋冬长裤零部件结构制图

四、西裤

此款为经典型的西裤，有烫迹线，适合用涤纶成分较高的斜纹面料、哔叽面料。前片为斜插袋，后片双开线假口袋，款式如图 5-68 所示。

1. 款式设计图

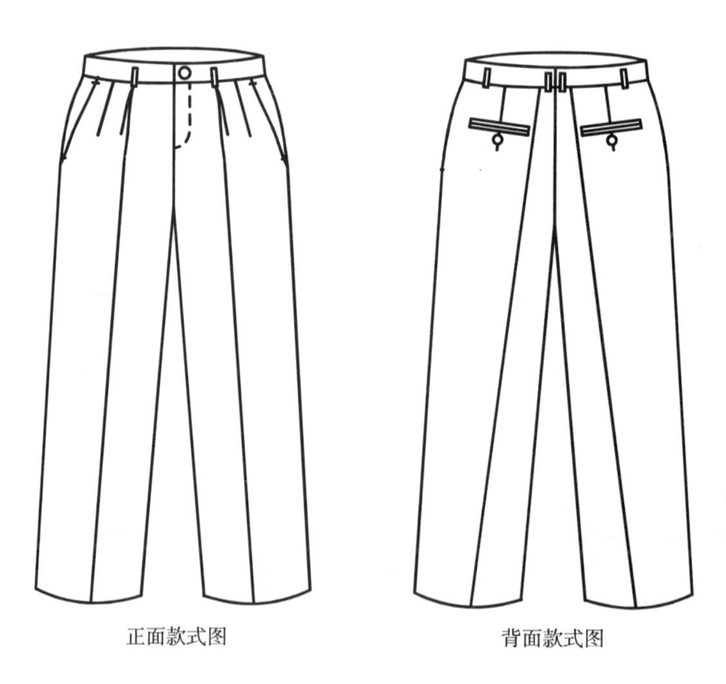

图 5-68　西裤款式图

2. 结构尺寸表

此款西裤结构尺寸见表 5 - 12，适合 12～16 岁少年穿着。

表 5 - 12　少年西裤结构尺寸表

单位：cm

身高	裤长	臀围	腰围	上裆长	裤口宽
140	82	86	62	28	18
150	89	92	66	30	19
160	96	98	70	32	20

3. 结构制图

此款西裤结构制图以身高 150 cm 少年为例，如图 5 - 69、图 5 - 70 所示。

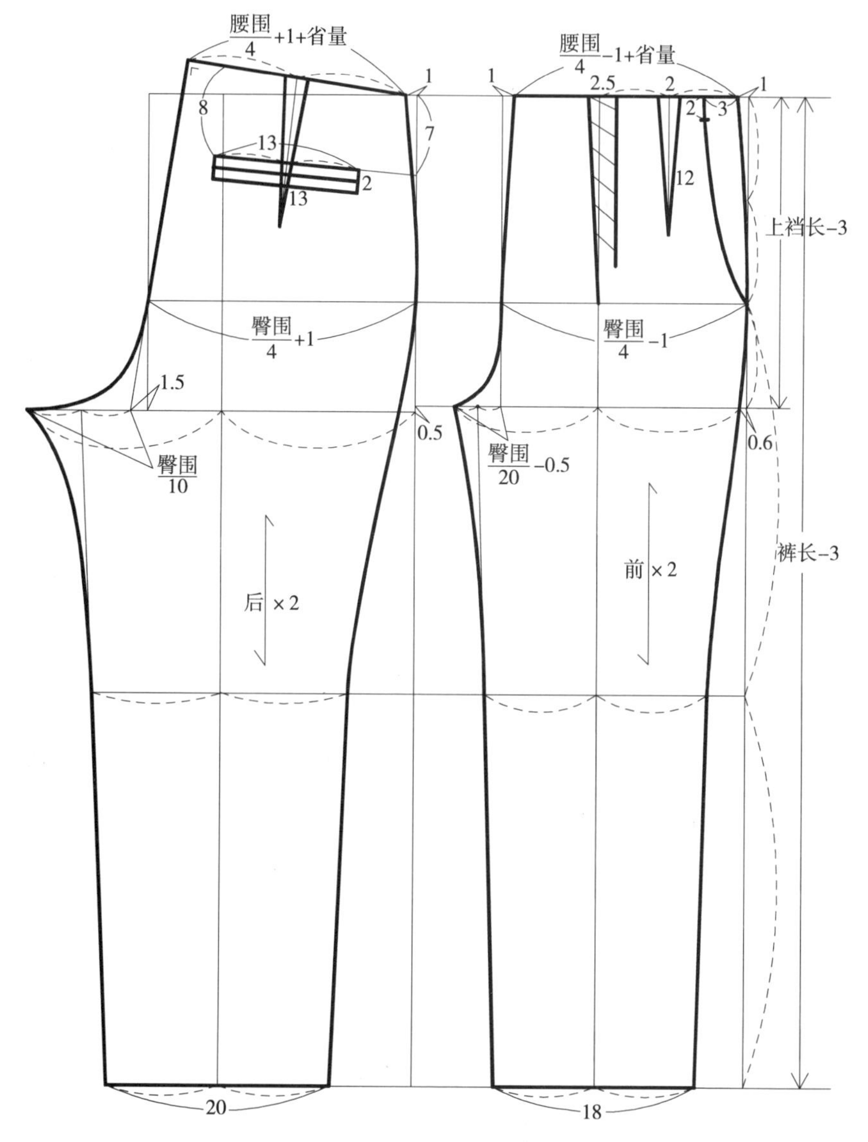

图 5 - 69　少年西裤裤片结构制图

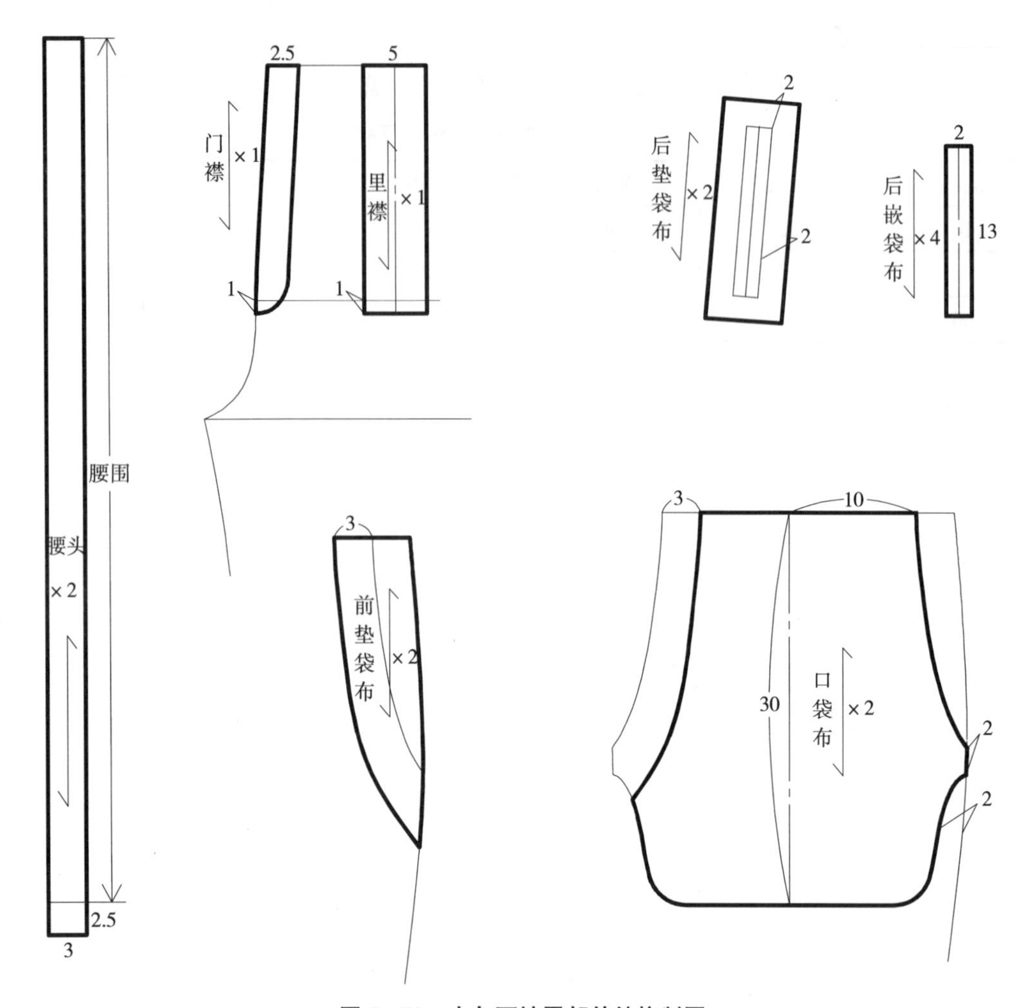

图 5－70　少年西裤零部件结构制图

本章小结

■ 少年装设计的要素，包括款式、色彩、材料的设计与应用。

■ 少年上装中男 T 恤、女长袖衬衣、女马甲、女春秋衫、女大衣的设计与结构制图。

■ 少女裙装中短裙、背带圆裙、长袖连衣裙的设计与结构制图。

■ 少年裤装中男中裤、女合体裤、女冬裤、男西裤的设计与结构制图。

作业

1. 调研和总结少年装设计要注意哪些要素。
2. 完成至少四款不同类型的少年上装的设计与结构制图。
3. 完成至少三款不同类型的少女裙装的设计与结构制图。
4. 完成至少四款不同类型的少年裤装的设计与结构制图。

参考文献

[1] 马芳,李晓英,侯东昱．童装结构设计与应用[M]. 北京:中国纺织出版社,2011.

[2] 吴俊. 男装童装结构设计与应用[M]. 北京:中国纺织出版社,2001.

[3] 吕学海,杨奇军. 服装结构原理与制图技术[M]. 北京:中国纺织出版社,2008.

[4] 儿童简笔画_百度图片搜索 [OL]. http://image.baidu.com.

[5] 面料_百度图片搜索 [OL]. http://image.baidu.com.

[6] 穿针引线服装论坛[OL]. http://www.eeff.net.

[7] 国家质量监督检验检疫总局,国家标准化管理委员会. GB/T 1335.3—2009 服装号型 儿童[S].北京:中国标准出版社,2009.

[8] 中国标准化研究院. 中国未成年人人体尺寸测量培训手册[S].2006.

附录一　关于童装消费情况的调查问卷

您好！我是××××××××(单位与身份)，做此次“童装消费情况”的市场调查，旨在了解消费者对童装的需求情况，希望能得到您的帮助与合作，请您根据实际情况填写以下内容，在此表示我诚挚的谢意！

您孩子的性别________　出生年月________　身高________cm　体重________kg

(以下如是选择题请将选中的序号填在横线上，问答题请将答案填在横线上)

1. 您孩子平时的性格特征表现为________

A. 安静型　B. 好动型　C. 介于两者之间

2. 您孩子平时穿的服装是在________情况下购买的？

A. 大人陪同孩子，询问孩子自己的喜欢程度后买下

B. 完全由大人的意愿购买

3. 您孩子一般有几条裤子换穿________

A. 3～5 条　B. 5～10 条　C. 10 条以上

4. 您孩子的单件服装大约为________。

A. 10 元～20 元　B. 20 元～40 元　C. 40 元～60 元　D. 60 元以上

5. 您的孩子在玩耍时常出现裤子臀部撕裂问题吗？________

A. 几乎没有　B. 有时　C. 经常

6. 您孩子的裤子在穿着中经常往下掉吗？希望改善裤子往下掉的问题吗？________

A. 裤子极少往下掉，因此无所谓改善　B. 裤子虽经常往下掉，但无所谓

C. 裤子经常往下掉，希望改善

7. 您的孩子经常穿背带裤吗？________，穿(或不穿)的原因________

A. 极少穿　B. 有时穿　C. 经常穿

8. 您孩子穿的裤子宽松的多，还是合体的多？________

A. 全都是宽松的　B. 宽松的多　C. 差不多一样多　D. 合体的多

9. 您觉得童装要注重运动舒适性吗？________。

A. 要　B. 无所谓　C. 没必要

10. 您喜欢用合体紧身的、个性化的服装装扮自己的孩子吗？________

A. 不喜欢　　B. 偶尔喜欢　　C. 喜欢

11. 您购买童装时追随流行吗？________。

A. 不追随，购买平时喜欢的风格　　B. 市场上卖什么样的就买什么样的

C. 追随潮流

12. 您最喜欢的童装款式风格是________。

A. 饰有童趣型图案的　　B. 时尚风格的

C. 款式装饰成年化的　　D. 简洁朴素的

13. 您最喜欢的童装色彩是________。

A. 色彩装饰鲜艳的　　B. 素色的　　C. 纯色的

14. 您喜欢儿童春夏装采用________的面料？

A. 纯棉的　　B. 纯棉与化纤混纺的

C. 化纤的　　D. 毛涤等混纺的

15. 儿童秋冬装采用________的面料？

A. 纯棉的　　B. 纯棉与化纤混纺的

C. 化纤的　　D. 毛涤等混纺的

16. 您最注重童装的________。

A. 款式　　B. 色彩　　C. 面料　　D. 缝制质量

E. 穿着是否舒适　　F. 穿脱是否方便

17. 您希望孩子在幼儿园里也像中、小学生一样统一穿校(园)服吗？________

A. 希望　　B. 不希望　　C. 无所谓

18. 希望您能对童装的消费情况、存在问题及产品设计提一些建议：____________________

谢谢！

附录二　学龄前期(4～6 岁)儿童三围人体数据分析

（1）身高分布

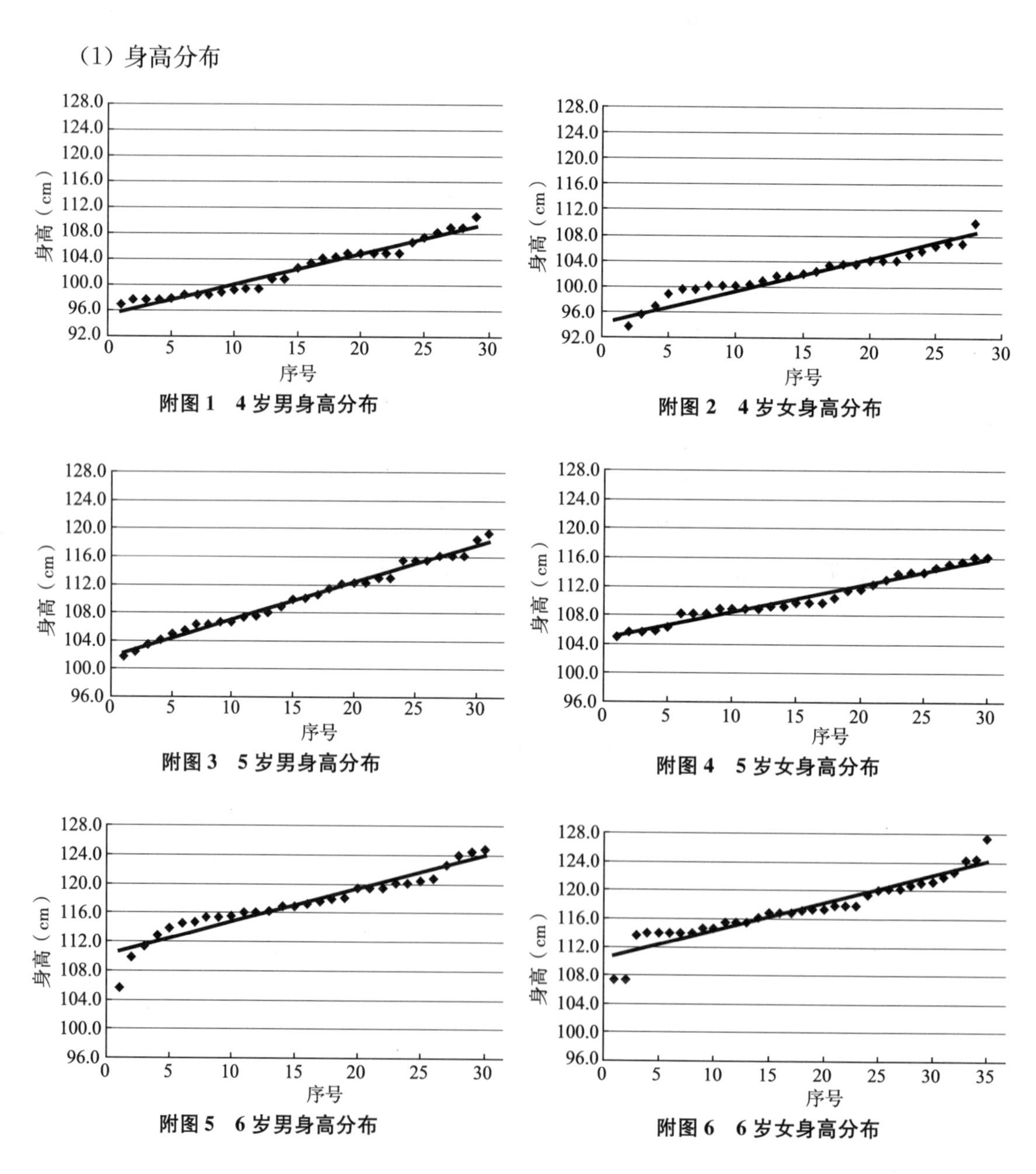

附图 1　4 岁男身高分布

附图 2　4 岁女身高分布

附图 3　5 岁男身高分布

附图 4　5 岁女身高分布

附图 5　6 岁男身高分布

附图 6　6 岁女身高分布

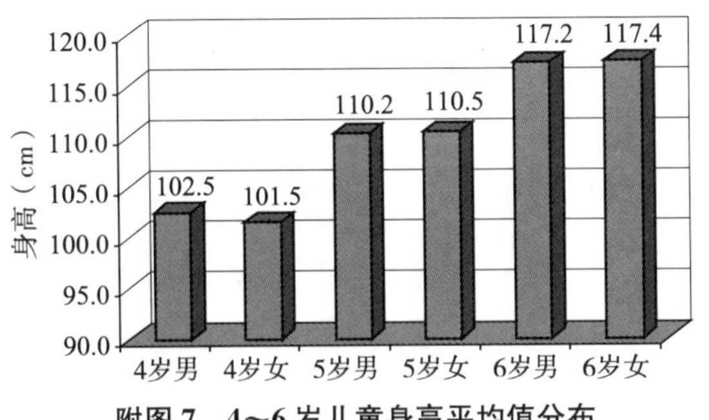

附图 7　4～6 岁儿童身高平均值分布

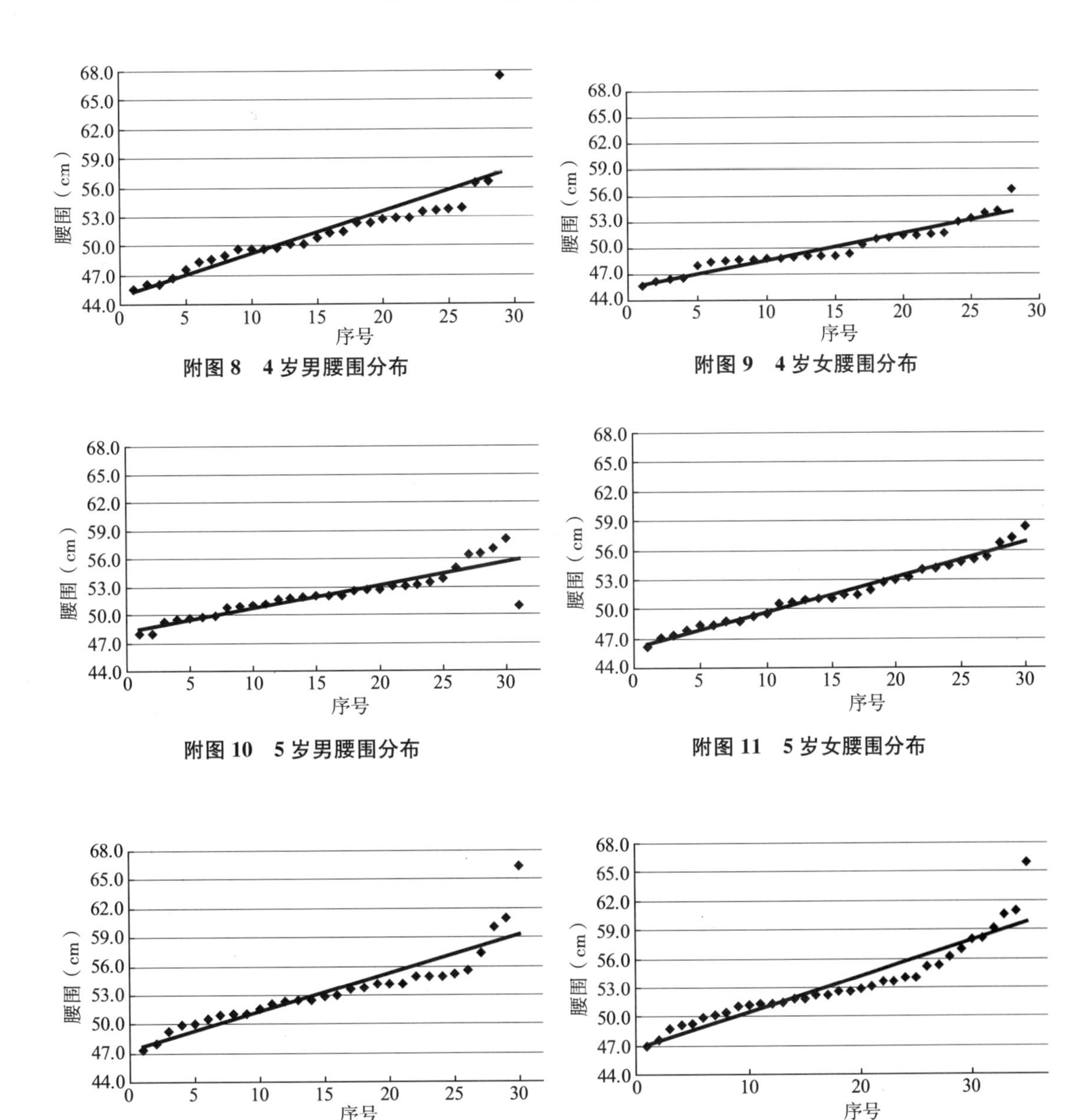

附图 8　4 岁男腰围分布

附图 9　4 岁女腰围分布

附图 10　5 岁男腰围分布

附图 11　5 岁女腰围分布

附图 12　6 岁男腰围分布

附图 13　6 岁女腰围分布

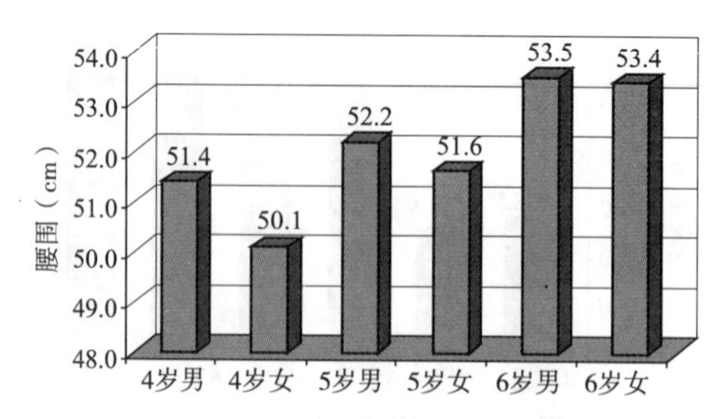

附图 14　4～6 岁儿童腰围平均值分布

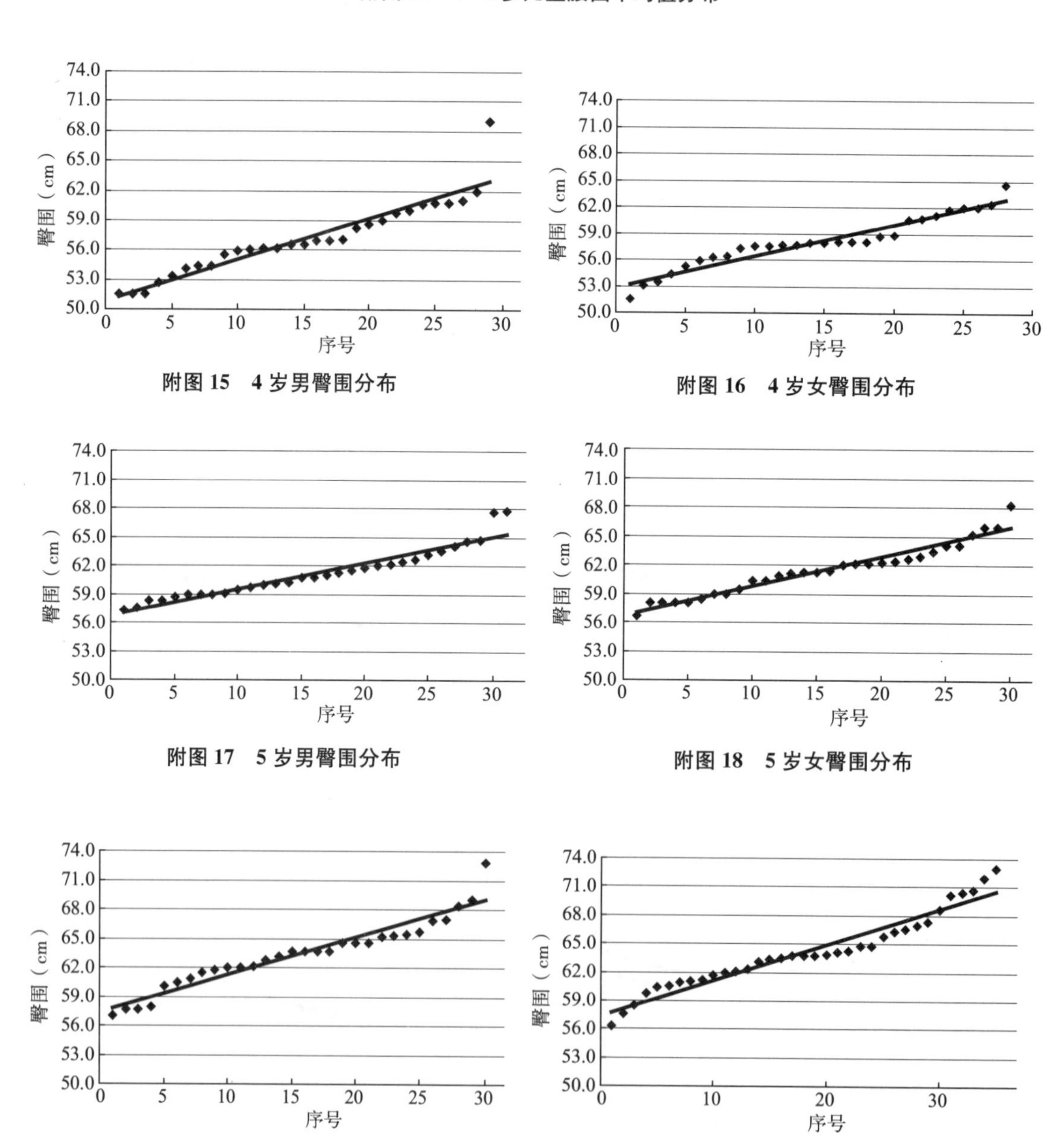

附图 15　4 岁男臀围分布

附图 16　4 岁女臀围分布

附图 17　5 岁男臀围分布

附图 18　5 岁女臀围分布

附图 19　6 岁男臀围分布

附图 20　6 岁女臀围分布

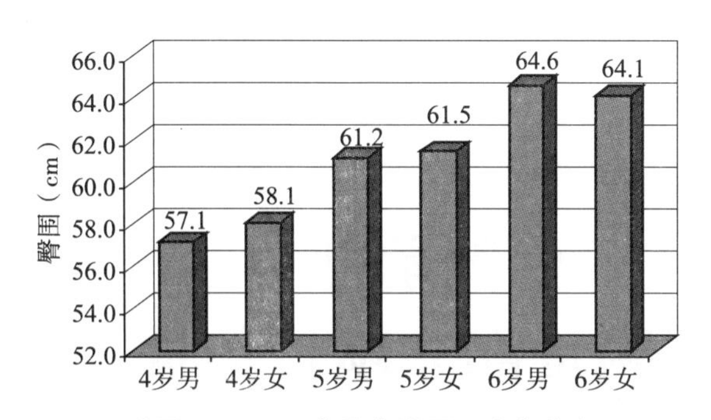

附图 21　4～6 岁儿童臀围平均值分布

附录三　学龄前期(4～6岁)儿童人体测量部分项目数据平均值

单位：cm

项目	4岁（男）	4岁（女）	5岁（男）	5岁（女）	6岁（男）	6岁（女）
身高	102.5	101.5	110.2	110.5	117.2	117.4
颈椎点高	81.7	80.9	88.7	88.9	95.5	95.2
颈臀距	36.1	35.9	39.3	39.2	40.4	41.3
臀围高	45.6	45.1	49.4	49.7	55.1	54.0
会阴高	41.6	39.1	44.6	43.7	48.1	47.6
颈窝点高	78.5	78.0	85.1	85.6	91.8	91.9
臀后高点水平距	21.7	21.3	21.3	21.6	21.5	21.6
臀前凸点水平距	37.0	36.5	37.7	37.5	39.0	38.3
腹前凸点水平距	39.8	39.8	40.2	40.6	40.6	41.5
腹后高点水平距	24.7	25.0	24.8	25.4	25.2	26.0
会阴至腰围距	15.5	17.0	16.8	17.5	17.7	18.3
肩宽	30.3	30.0	30.5	30.4	30.9	31.3
左肩幅	9.9	10.5	9.9	10.5	10.2	10.6
右肩幅	10.4	9.9	10.2	10.0	10.2	10.5
左肩斜角	33.2	33.1	30.7	31.1	30.4	29.5
右肩斜角	33.6	32.0	30.4	31.1	29.5	29.9
前胸宽	24.0	23.7	25.4	25.0	25.5	27.0
后背宽	24.0	23.2	24.7	24.2	26.2	24.7
上裆总长	52.8	57.6	57.4	59.5	60.5	59.7
腰围	51.4	50.1	52.2	51.6	53.5	53.4
上臀围	51.8	52.7	54.6	54.7	55.3	57.3

（续表）

项目	4 岁（男）	4 岁（女）	5 岁（男）	5 岁（女）	6 岁（男）	6 岁（女）
臀围	57.1	58.1	61.2	61.5	64.6	64.1
腹围	52.4	51.5	53.8	53.3	54.6	55.2
左腿内侧长	45.6	41.0	48.7	46.2	50.9	50.2
右腿内侧长	45.7	41.0	48.3	46.2	50.8	50.4
左腿外侧缝长	61.5	58.6	66.3	65.0	70.1	68.8
右腿外侧缝长	60.4	58.7	65.1	65.0	69.0	68.2
左大腿根围	32.3	31.4	32.4	32.7	34.0	34.6
右大腿根围	31.6	30.8	33.1	32.7	35.7	34.7
腰围高	57.1	56.1	61.4	61.2	65.8	65.9
臀厚	15.3	15.2	16.4	15.9	17.5	16.7
腹厚	15.1	14.8	15.4	15.2	15.4	15.5
臀腹厚	18.1	18.5	18.9	19.0	19.1	19.9